枪图鉴

韩雨江 孙 铭 徐 波 ◎ 主编

吉林科学技术出版社

图书在版编目（CIP）数据

枪图鉴 / 韩雨江, 孙铭, 徐波主编. —— 长春：吉林科学技术出版社, 2024.1
ISBN 978-7-5744-1032-9

Ⅰ. ①枪… Ⅱ. ①韩… ②孙… ③徐… Ⅲ. ①枪械—儿童读物 Ⅳ. ①E922.1-49

中国国家版本馆CIP数据核字(2023)第251282号

枪图鉴
QIANG TUJIAN

主　　编	韩雨江　孙　铭　徐　波
出 版 人	宛　霞
责任编辑	郑宏宇
助理编辑	丑人荣　李思言　穆思蒙　王聪会　汪雪君　张　超
制　　版	长春美印图文设计有限公司
封面设计	长春美印图文设计有限公司
幅面尺寸	167 mm × 235 mm
开　　本	16
字　　数	250千字
印　　张	14
印　　数	1–20 000册
版　　次	2024年1月第1版
印　　次	2024年1月第1次印刷
出　　版	吉林科学技术出版社
发　　行	吉林科学技术出版社
地　　址	长春市福祉大路5788号出版集团A座
邮　　编	130118
发行部电话/传真	0431-81629529　81629530　81629531
	81629532　81629533　81629534
储运部电话	0431-86059116
编辑部电话	0431-81629517
印　　刷	吉林省吉广国际广告股份有限公司
书　　号	ISBN 978-7-5744-1032-9
定　　价	88.00元

如有印装质量问题　可寄出版社调换
版权所有　翻印必究　举报电话：0431-81629380

FOREWORD

前　言

　　亲爱的读者朋友，欢迎来到集艺术、美学与科普知识为一体的概览性博物学世界。

　　博物学将人类与世界万物紧密相连，这一门古老的科学一直由人类的好奇心所驱动，人类将世间万物进行命名、分类、描述，以此不断与世间万物交手。

　　即将呈现在您面前的是一套由武器、枪、宇宙、太空、植物、恐龙、海洋、动物八大主题构成的图鉴类图书，旨在通过图文结合的方式，将人类宏观尺度上对自我与世界关系的认知一一呈现，通过图书，带领大家近距离去看、去辨别、去感受自然世界和人类社会的各种奥秘。

　　"图鉴"系列图书纸张厚韧，以高品质的印刷工艺高度还原万物，力求为读者朋友们带来或震撼、或壮观、或精致、或可爱、或绚烂的视觉体验。宇宙到底有多大？天空外面有什么？地球内部什么样？大海深处藏着什么秘密？枪械、坦克、战机、战舰是如何运转的？恐龙到底是怎样存在的？哪些植物有毒，哪些植物能食用，哪些植物是药材？动物的生存方式与看家本领有哪些？通过该系列图书，相信你会产生更多的疑惑，也会得到更多的答案。

　　八个经典视角，覆盖范围广泛，知识丰富，逻辑清晰，语意简明，制作精良，既适合典藏阅读，陶冶情操，亦可以满足青少年对世界的好奇和探索。将现代科学与人文精神通过阅读注入生活，尝试洞悉可持续发展的原则与自古以来的人文主义思想，开阔视野，激发潜能。

　　好奇心是人类与生俱来的本能，亦是人类挖掘世界的后驱力。而阅读正是人类满足好奇心的一剂良方，通过阅读该系列图书来对世间万物剥茧抽丝，这份由挖掘带来的获取知识的快乐理应由正在阅读的你享受。

目　录

第一章　枪械杂谈

枪械的分类　12

枪械的发展史　14

第二章　手　枪

左轮手枪　24

鲁格手枪　26

毛瑟手枪　28

M-1911柯尔特手枪　30

美国鲁格P-85手枪　32

伯莱塔92FS手枪　34

伯莱塔 M9手枪　36

格洛克17型手枪　38

格洛克18全自动手枪　40

韦伯利1912MKI型手枪　42

USP半自动手枪　44

沙漠之鹰　46

史密斯威森 M500左轮手枪　48

第三章 步 枪

突火枪	52
燧发枪	54
毛瑟步枪	56
M1903斯普林菲尔德步枪	58
三八式步枪	60
PZB38反坦克步枪	62
李-恩菲尔德步枪	64
M-1加兰德步枪	66
莫辛-纳甘步枪	68
毛瑟98K步枪	70
AKS-74U自动步枪	72
AR-10自动步枪	74
M14自动步枪	76
M16自动步枪	78
M16A1步枪	80
FAL自动步枪	82

第四章　突击步枪

StG44突击步枪	86
AR-15自动步枪	88
FAMAS突击步枪	90
AK-47突击步枪	92
AKM突击步枪	94
G11无壳弹步枪	97
KAC PDW	98
ASP水下突击步枪	100
CZ805突击步枪	102
AUG突击步枪	104
SIG SG516突击步枪	106
SG552短突击步枪	108
L85A1突击步枪	110
SR-556突击步枪	112
M4A1卡宾枪	115
FNSCAR突击步枪	116
AN-94突击步枪	118

G36K突击步枪	120	MG34通用机枪	138
F2000突击步枪	122	M60通用机枪	140

第五章 机 枪

		MG42通用机枪	142
加特林机枪	126	M134火神炮	144
马克沁重机枪	128	SG-43重机枪	146
勃朗宁12.7毫米重型机枪	130	M249班用机枪	148

ZB26轻机枪	132	**第六章 冲锋枪**	
刘易斯1型机枪	134	MP18冲锋枪	152
维克斯MK1型机枪	136	汤普森冲锋枪	154

汤普森M1冲锋枪	156
MP40冲锋枪	158
M3冲锋枪	160
乌兹冲锋枪	162
MP5冲锋枪	164
MP5A3冲锋枪	166
MAC10冲锋枪	169
伯莱塔M12S冲锋枪	170
PPSh-41冲锋枪	172

M960卡利科冲锋枪	174
P90冲锋枪	177
TMP冲锋枪	178
UMP45冲锋枪	180
MP7单兵自卫武器	183

第七章　霰弹枪

M1894温彻斯特杠杆式霰弹枪	186
雷明顿M870霰弹枪	188
MPSAA-12霰弹枪	190

KSG霰弹枪	192	M82A1巴雷特	210
A2霰弹枪	194	M700狙击步枪	212
SPAS-12多功能霰弹枪	196	SVD德拉贡诺夫狙击步枪	214

第八章　狙击枪

		TRG-21狙击步枪	216
M40狙击步枪	200	M21狙击步枪	218
VSS狙击步枪	202	R93狙击步枪	220
PSG-1狙击步枪	204	AWM狙击步枪	222
AWP狙击步枪	206		
MK11-0型狙击步枪	208		

CHAPTER 1

第 一 章

枪械杂谈

枪械的分类

枪械的发展与火药的产生有着密不可分的关系。中国是世界上最早发明火药的国家,北宋时期火药被投入战场。随着火药制造技术的不断进步,为了更好地利用火药,各种枪炮被发明出来。枪械的出现彻底改变了人类自远古以来绵延数千年的战争模式。如今,枪械虽然样式五花八门,用途也各有不同,但还是主要分为步枪、手枪、冲锋枪和机枪。

步枪

步枪是步兵单人进行肩射的长管枪械,主要用于发射子弹杀伤暴露的有生目标,主要类型包括突击步枪和狙击步枪。最早的步枪应是中国南宋时期发明的竹管突火枪,它也是世界上最早的管形射击火器。该枪的枪身由竹子制成,发射弹药后,极易灼伤射手。

手枪

手枪是一种能单手握持发射的小型枪械，用于杀伤近距离内的有生目标，是近战和自卫的好帮手。它起源于小型铜制火铳。火铳口径约25毫米，长约30厘米，通过点燃引线，将填入的火药引燃，从铳口射出铁丸来杀伤敌人。

冲锋枪

冲锋枪是双手持握、发射手枪子弹的单兵连发枪械，又称短机枪。它的射速高且火力猛。冲锋枪产生于19世纪末20世纪初，当时人们为了解决步枪和手枪的不足，研发制造出这种火力较猛的单兵近战武器。

机枪

机枪是以扫射作为主要攻击方式的武器，能够稳定地连续射击。它通常需要架在双脚架或三脚架上，才能稳定地攻击有生目标或坦克等装备。1851年，世界上第一挺手动机枪由比利时人法尚普斯设计成功，并用于1870年、1871年的普法战争。20世纪初期，各国纷纷开始研究攻击力强大的机枪，出现了很多新型的机枪，其中最著名的是德国研发生产的MG-34式机枪。

枪械的发展史

中国元代 ▼

火铳

元代时，人们将竹子替换成金属材质，从而发明了金属管形射击武器——火铳。火铳中不仅装填有火药，还装有球形铁弹丸或石球，开创了在金属管形火器中装填弹丸的先例。

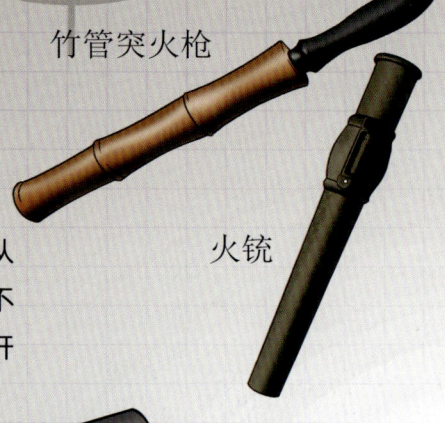

竹管突火枪

火铳

▼ 14世纪中叶

手铳

14世纪中叶，意大利出现了成批制造的短枪，这种枪仅有17厘米长，被很多人认为是世界上第一种手枪。

15世纪，点火枪被改进为火绳枪，火绳式手枪无须一手持枪，一手拿点火绳点火，完全可以进行单手射击。

15世纪初 ▼

荷兰火绳枪

15世纪初，最原始的步枪，也就是火绳枪在欧洲出现。这种枪通过燃烧的火绳来点燃火药进行射击，在火器发展史上具有里程碑式的意义，是现代步枪的直接原型。

燧发枪

16世纪初 ▶

16世纪初,燧发枪取代了火绳枪,该枪主要对点火装置进行了改进。其在转轮打火枪的基础上,去掉了发条钢轮,在击锤的钳口上安一块燧石,传火孔边装一个击砧,射击时,扣动扳机,在弹簧的作用下,燧石会重重地打在火门边上,从而冒出火星,引燃火药击发。

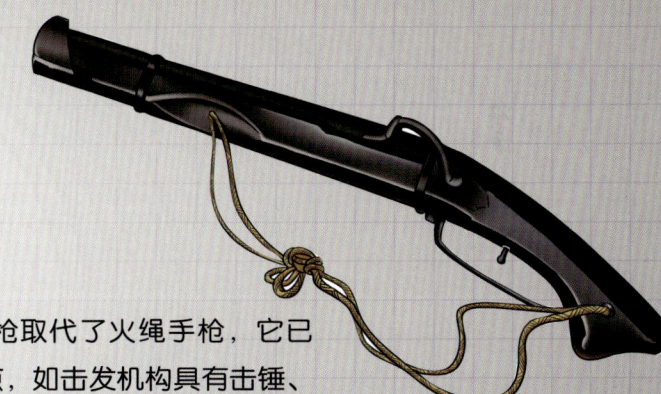

燧发式手枪

17世纪,燧发式手枪取代了火绳手枪,它已初具现代手枪的一些特点,如击发机构具有击锤、扳机、保险等装置。1812年,第一把击发式手枪诞生。这种手枪属于前装式手枪,操作起来很不方便,发射速度也偏慢。1825年,美国人亨利·德林杰发明的德林杰手枪,运用雷汞击发火帽装置,使手枪的射击性能得到了大大的提高。

◀ **17世纪**

▼ **1835年**

左轮手枪

1835年,美国柯尔特发明了首把转轮手枪,即左轮手枪,此后世界各国纷纷研制出了不同口径的左轮手枪,如英国的韦伯利11.6毫米左轮手枪、俄国的纳甘M1895式7.62毫米左轮手枪等。这些左轮手枪已装备了撞击底火和线膛枪管,对瞎火弹处理非常简便而且安全可靠。

▼ 19世纪40年代

德莱赛M1841针发枪

从16世纪到18世纪这300年间，由于技术条件受限，步枪均为前装枪，即子弹装在前面枪口处，使用起来费时费力，非常麻烦。

19世纪40年代，德国成功研制出德莱赛击针后装枪，即子弹从枪械后面装进去，这是最早的机柄式步枪。

1861年 ▼

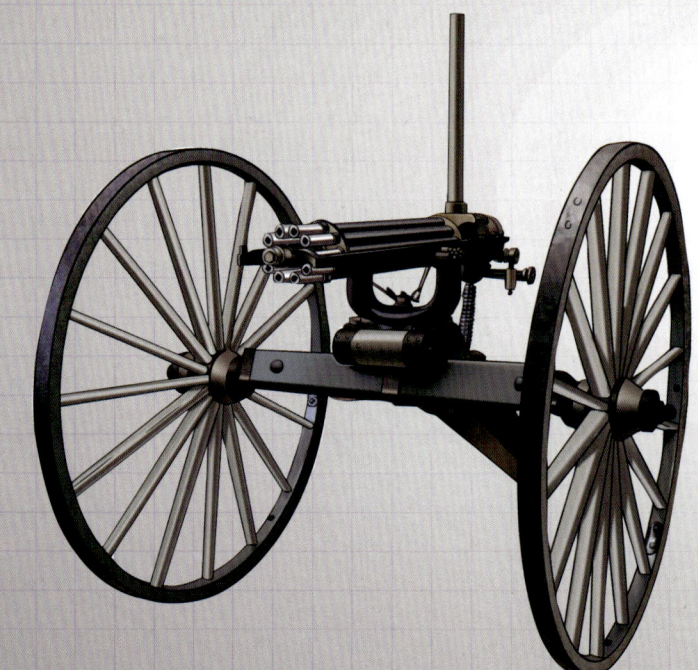

加特林机枪

加特林机枪是一种手动型多管旋转机关枪，是在世界范围内大规模使用的第一种实用化的机枪。20世纪50年代以后，加特林原理首先被美国重新改良后应用在枪械及小口径航炮和防空炮上。使用该机枪，射速普遍可达到每分钟每管1000发以上。

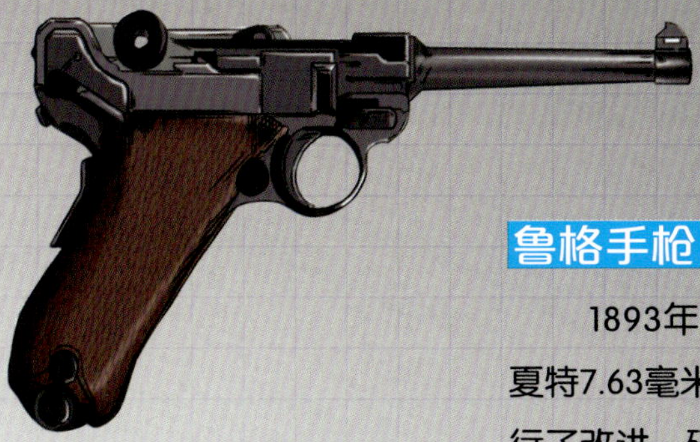

1893年 ▼

鲁格手枪

1893年，德国制造了第一支实用的博尔夏特7.63毫米自动手枪。德国人鲁格对该枪进行了改进，研制出世界闻名的鲁格手枪。

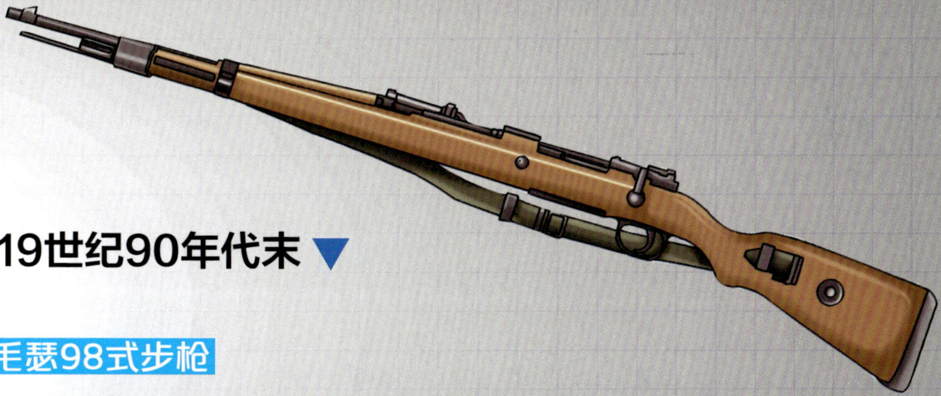

19世纪90年代末 ▼

毛瑟98式步枪

19世纪90年代末，枪弹开始采用无烟火药制造，步枪的口径逐渐变小，一般为6.5~8毫米，射程、精度和弹头的初速均有所提高。德国在1898年生产的毛瑟步枪就是当时步枪的经典代表。

MP18冲锋枪

1914年，世界上第一支冲锋枪——维拉·佩罗萨冲锋枪由意大利人研制成功。该枪射速太高，精度差且笨重，所以并不实用。因此，人们公认德国人施迈塞尔于1918年设计的MP18冲锋枪才是第一种真正意义上的冲锋枪。这种枪适合单兵使用，由于火力猛烈，很快成为德国军队的武器装备。

◀ 1918年

20世纪20~30年代 ▼

汤普森M1928A1式冲锋枪

20世纪20~30年代是冲锋枪初步发展时期。这一时期的冲锋枪产品型号少，结构较为复杂，体积和重量均偏大，安全性和可靠性也较差，生产数量也不是很多。主要枪型有德国的伯格曼MP18式，美国的汤普森M1928A1式及苏联的PPD-1934/38式。

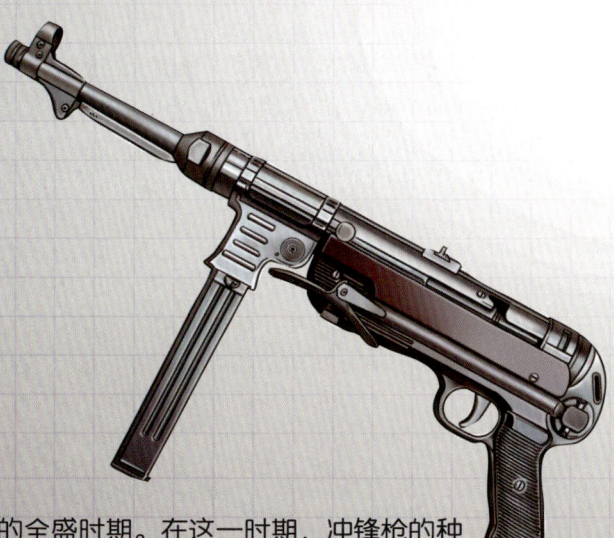

20世纪40年代 ▼

MP38式冲锋枪

20世纪40年代是冲锋枪发展的全盛时期。在这一时期，冲锋枪的种类、性能和数量都有了很大的发展，在第二次世界大战中发挥了重要作用，最典型的是德国的MP38式。这款冲锋枪采用冲压、焊接和铆接工艺，简化了结构，并设置了专门的保险机件，是世界上第一种折叠式金属托冲锋枪。

1947年 ▼

AK-47突击步枪

　　第一次世界大战后，各国加紧对步枪自动装填的研制，到第二次世界大战后期，涌现了很多性能优良的自动装填步枪。其中，随着中间型枪弹的诞生，重量轻、射速高、枪身短的全自动步枪研制成功，这种步枪也叫突击步枪，最典型的代表就是AK-47突击步枪。

20世纪50年代 ▼

ZK476式冲锋枪

　　20世纪50年代，冲锋枪的结构更加新颖，性能也得到了更大的改善，如捷克斯洛伐克研制的ZK476式。ZK476式采用独特的包络式枪机，是世界上首支将弹匣安装在握把内的冲锋枪。

1957年 ▼

M14自动步枪

第二次世界大战结束后,各国的步枪开始往武器系列化和弹药通用化方向发展,并于20世纪50年代,完成了战后第一代步枪的换装。其中,美国的M14自动步枪是这一时期的典型代表。

20世纪60年代开始,随着美国M16小口径自动步枪的问世,步枪的发展步入小口径化阶段,具有初速高、连发精度好、携弹量多等优点。

20世纪60年代 ▼

英格拉姆M10式冲锋枪

20世纪60年代,冲锋枪往短小轻便型发展,出现了很多可以进行单手射击的轻型、微型冲锋枪。这类枪安装有消声器,有利于特种部队或保安部队在特殊环境下作战,如美国的英格拉姆M10式和德国的MP5SD式等。

短枪管自动步枪

20世纪70年代 ▶

20世纪70年代，人们开始将小短枪管自动步枪作为冲锋枪使用，如美国柯尔特CAR–15式、德国HK53式等，都能更好地完成任务。

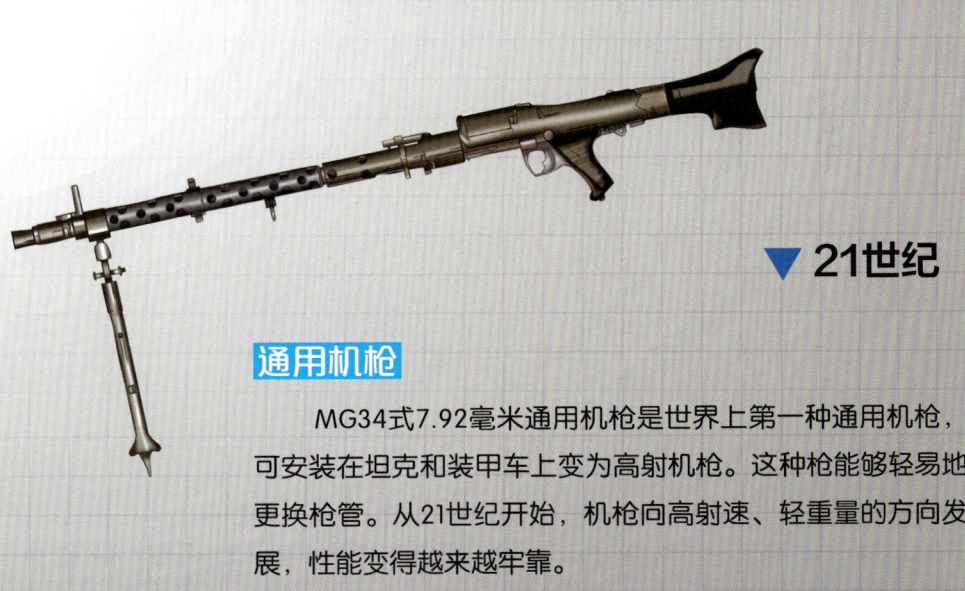

▼ **21世纪**

通用机枪

MG34式7.92毫米通用机枪是世界上第一种通用机枪，可安装在坦克和装甲车上变为高射机枪。这种枪能够轻易地更换枪管。从21世纪开始，机枪向高射速、轻重量的方向发展，性能变得越来越牢靠。

CHAPTER 2

第 二 章

手 枪

左轮手枪

左轮手枪即转轮手枪，是美国传奇军火制造商——塞缪尔·柯尔特于1835年发明的。柯尔特左轮手枪在当时之所以受到欢迎，不仅仅是因为手枪的自卫功能，更是因为如果牛仔们腰上挎上两把左轮手枪，会使自己显得优雅古典，有贵族气质。

枪管

通常以耐热不易变形的金属管打造而成，连接在膛室。枪管内侧刻有螺旋凹槽，使射出的弹头进行自旋，达到稳定状态。

转轮

转轮既是弹膛又是弹仓，其上有5~7个弹巢，最常见的是6个，故人们又称这种手枪为"六响子"。

枪管　保险　　　　枪口

扳机　　　　　　　握把

科普小课堂

- 研制国家：美国
- 研 制 者：塞缪尔·柯尔特
- 口　　径：9毫米
- 填弹方式："左"式填弹
- 弹 容 量：5发、6发、7发

扳机

左轮手枪子弹一旦瞎火，只需再扣一次扳机，那发"死弹"便会转到一边，"新弹"可以立即补上。

枪械杂谈 — 手枪 — 步枪 — 突击步枪 — 机枪 — 冲锋枪 — 霰弹枪 — 狙击枪

鲁格手枪

早在 1898 年,鲁格借鉴博查特 C-93 的制作理念,设计了口径为 7.65 毫米的鲁格手枪。鲁格手枪一直稳坐军用半自动手枪的第一把"交椅"。

握把
鲁格将所有的工作机件移到握把中,将博查特 C-93 的设计长度缩短了将近一半。

科普小课堂

- **研制国家**：德国
- **研 制 者**：乔治·鲁格
- **口　　径**：7.65毫米、9毫米
- **枪机种类**：枪管短行程后坐作用
- **弹 容 量**：8发、32发

瞄具
鲁格手枪可安装瞄准镜，还配备折叠式机械瞄具，以备瞄准镜损坏时使用。

子弹
鲁格在原有7.65毫米鲁格手枪子弹基础上研发了9毫米版本的鲁格手枪。新鲁格手枪的9×19毫米子弹，堪称历史上最成功、最广为使用的手枪子弹。

枪械杂谈 — 手枪 — 步枪 — 突击步枪 — 机枪 — 冲锋枪 — 霰弹枪 — 狙击枪

毛瑟手枪

　　毛瑟手枪，又称驳壳枪，在中国俗称"盒子炮"。毛瑟手枪是由德国毛瑟兵工厂于 1896 年推出的全自动手枪，该枪枪套是一个木制的盒子，故此得名"盒子炮"，因其性能优越而广泛流传于世界许多国家，尤其在中国。抗日战争和解放战争时期都曾经大量使用此枪，据统计在中国曾有过 40 万把以上的盒子炮，占毛瑟手枪生产总数的三分之一以上，受欢迎程度可见一斑。

弹匣
容量一般有 6 发或 10 发固定弹匣，20 发的为可拆卸弹夹。

击锤

采用回转击锤（击锤绕着一个轴打击击针，在击锤没有打开时，扣扳机可以把击锤打开）。

科普小课堂

- 研制国家：德国
- 制造厂商：毛瑟兵工厂
- 口　　径：7.63 毫米
- 有效射程：50～100 米
- 弹 容 量：6 发、10 发、20 发

枪械杂谈 — 手枪 — 步枪 — 突击步枪 — 机枪 — 冲锋枪 — 霰弹枪 — 狙击枪

M-1911 柯尔特手枪

1899年末,美军举行了自动装填手枪评选。约翰·勃朗宁设计的柯尔特半自动手枪脱颖而出,于是诞生了 M-1911 柯尔特手枪。它在 1913 年成为美军的制式手枪,服役期长达 74 年。M-1911 柯尔特手枪曾经是美军在战场上经常"露脸"的武器,其优越的性能以及大量的实战使用案例,对 20 世纪推出的其他手枪产生了重大影响。

瞄具

帕特里奇瞄具,平头厚叶片准星和正方形或矩形缺口照门组成的瞄具,使射手在光照不良条件下也能迅速瞄准。

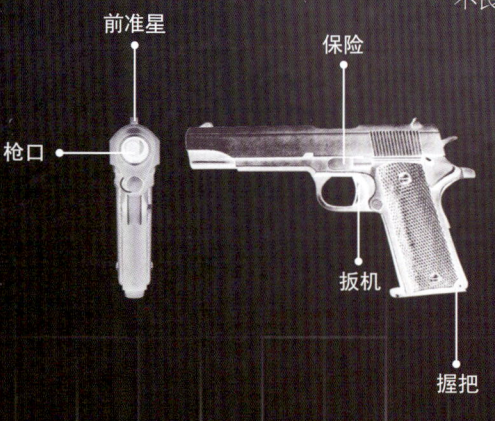

前准星

保险

枪口

扳机

握把

科普小课堂

- **研制国家：** 美国
- **研 制 者：** 约翰·勃朗宁
- **口　　径：** 11.43 毫米
- **有效射程：** 50 米
- **弹 容 量：** 8 发

握把

握把背部设计弓形拱起，表面增加防滑纹，使射手握持更牢固，而且改变了握把护板的网格防滑纹，使握持更舒适。

保险

在弹簧的弹力作用下，握把保险自动处于保险位置，握把保险凸齿抵在扳机连杆上，限制扳机连杆后移使其扣不到位。

枪械杂谈 — 手枪 — 步枪 — 突击步枪 — 机枪 — 冲锋枪 — 霰弹枪 — 狙击枪

美国鲁格 P-85 手枪

鲁格 P-85 手枪是美国鲁格公司研制的发射口径 9 毫米帕拉贝鲁姆手枪弹的手枪，于 1987 年开始投入生产。其采用后坐力操作系统，非常坚固耐用，发射 20 000 发子弹后，不仅枪械受力件不会破损，就连结构内部的运动件也无明显的磨损痕迹。该枪后被其多款改进型所替代，于 1991 年停产。

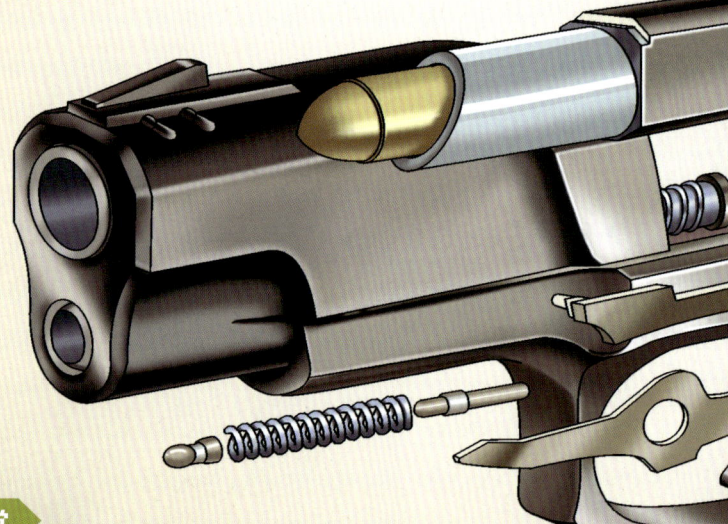

科普小课堂

- 研制国家：美国
- 制造厂商：鲁格公司
- 口　　径：9 毫米
- 有效射程：50 米
- 弹 容 量：15 发

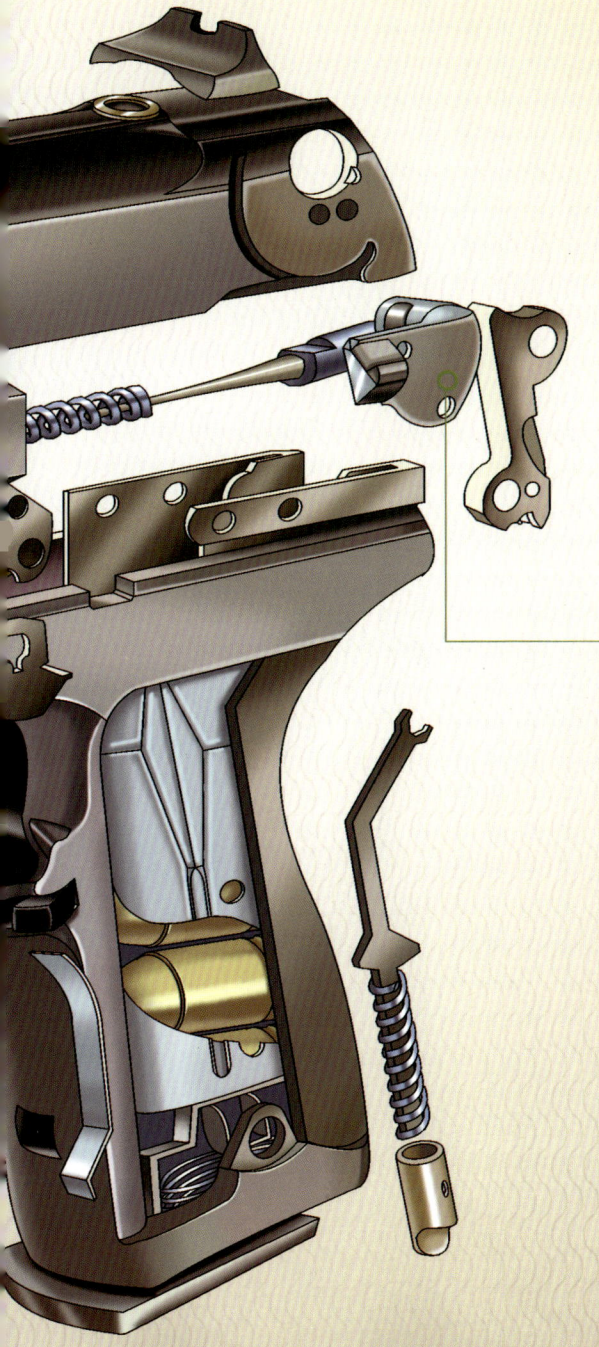

保险装置

该枪采用新式击针和待击保险装置。待击保险装置主要由一个击锤待击解脱杆组成,按压这个操作杆,击锤就可以处于安全锁定状态,起到保险作用。

伯莱塔 92FS 手枪

　　1975 年，意大利伯莱塔公司经过 5 年的研制和试验，生产出其公司的代表作品——伯莱塔 92FS 手枪，大众常直接称其为伯莱塔手枪。它的设计满足了当时军事部门和执法机构对安全性、可靠性和耐用性等方面的要求。在美国第一次手枪换代选型比试中力压群雄，代替柯尔特 M1911 成为新一代制式手枪。

科普小课堂

- 研制国家：意大利
- 制造厂商：伯莱塔公司
- 口　　径：9 毫米
- 有效射程：50 米
- 弹 容 量：10 发、15 发

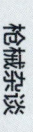

枪管

为枪械的主要组成零件之一，以耐热不易变形的金属管打造而成，枪管内膛镀铬，还配有比赛枪转换附件。

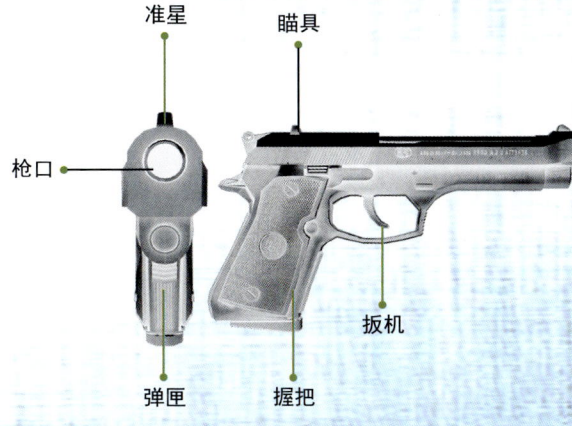

枪械杂谈 — 手枪 — 步枪 — 突击步枪 — 机枪 — 冲锋枪 — 霰弹枪 — 狙击枪

伯莱塔 M9 手枪

M9 手枪为意大利伯莱塔公司研制，该枪采用枪管短行程后坐作用原理、闭锁方式为卡铁下沉式，单/双动扳机设计。M9 手枪的前身伯莱塔 M92F 手枪于 1983 年开始研制，1985 年美国陆军选定伯莱塔 92SB-F 装备部队，并正式命名为 M9 手枪。

科普小课堂

- 研制国家：意大利
- 制造厂商：伯莱塔公司
- 口　　径：9 毫米
- 有效射程：50 米
- 弹 容 量：15 发

扳机护圈

扳机护圈大，便于戴手套扣动扳机。

握把

握把由铝合金制成，为减轻枪重，握把外层包有木质护板。

枪械杂谈 — 手枪 — 步枪 — 突击步枪 — 机枪 — 冲锋枪 — 霰弹枪 — 狙击枪

格洛克 17 型手枪

格洛克 17 型手枪是由奥地利格洛克有限公司于 1983 年研制。格洛克 17 型为 9 毫米口径手枪，该枪广泛采用了塑料件，如套筒座、弹匣体、托弹板、发射机座、复进簧导杆、前后瞄准器、扳机、抛壳挺顶杆及发射机座销等均由塑料制成，使整枪质量显著地减小，全枪包括弹匣只有 32 个零部件，可在 1 分钟内将枪分解。

科普小课堂

- 研制国家：奥地利
- 制造厂商：格洛克有限公司
- 口　　径：9毫米
- 有效射程：50米
- 弹 容 量：10发、33发

扳机

扣压扳机就能击发，每次击发的扳机力都是一样的，而且手指离开扳机就自动处于保险状态。

格洛克 18 全自动手枪

格洛克 18 全自动手枪的前身是格洛克 17 型手枪，两支手枪的设计者同为盖斯顿·格洛克，他是一名精于聚合塑胶材料的工程师，格洛克系列手枪最大特点是易于保养，故障率低。

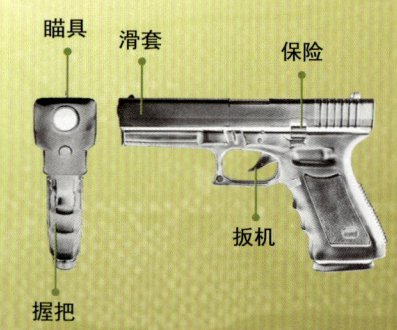

握把

　　格洛克18全自动手枪的握把是用聚合塑胶材料制成，此种材质即使处于-40℃至60℃的环境中也不会收缩。

科普小课堂

- 研制国家：奥地利
- 研 制 者：盖斯顿·格洛克
- 口　　径：9毫米
- 有效射程：50米
- 弹 容 量：17发、31发、33发

枪械杂谈 — 手枪 — 步枪 — 突击步枪 — 机枪 — 冲锋枪 — 霰弹枪 — 狙击枪

韦伯利 1912MKI 型手枪

韦伯利 1912MKI 型手枪是一种外形笨拙、性能却非常可靠的手枪。此枪于 1912 年开始被警察使用，到 1914 年，英国皇家海军和皇家海军陆战队开始装备这种手枪。此枪发射口径 11.2 毫米的子弹，子弹偏重，威力非常猛烈，适合近距离作战。

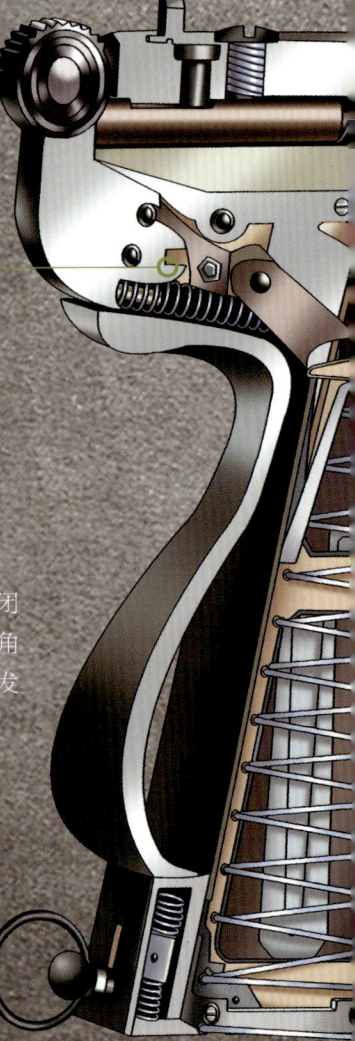

闭锁系统

韦伯利 1912MKI 型手枪配备了一个有效的闭锁系统。此系统含有一系列能滑动的、带有倾斜角度的凹凸沟槽，使子弹自动上膛，随时处于待击发状态。这一系统是手枪实现快速连发的保证。

科普小课堂

- **研制国家：** 英国
- **制造厂商：** 韦伯利-斯科特公司
- **口　　径：** 11.2 毫米
- **有效射程：** 50 米
- **弹 容 量：** 7 发

USP 半自动手枪

　　1993年，德国黑克勒-科赫公司为满足美国特种作战司令部需要"进攻型"的手枪而开发研制出一款结合勃朗宁手枪结构的半自动手枪——USP。这是一把完全满足军方标准、重量更轻的手枪。事实证明，USP半自动手枪在现今的枪械市场上仍是一把物超所值的半自动手枪，它将聚合材料应用在枪械上，开辟了一种新型枪械研发的趋势，在历史舞台上实现了创造性的突破。

科普小课堂

- **研制国家：** 德国
- **制造厂商：** 黑克勒-科赫公司
- **口　　径：** 9毫米
- **有效射程：** 50米
- **弹 容 量：** 12发、13发、15发

前缘多用途沟槽

　　USP半自动手枪首创护弓前缘多用途沟槽，可加挂专用激光标定瞄准器或强光手电筒，使它成为反恐与特种任务枪种。

瞄具

准星

扳机护圈

握把

弹匣

握把
USP 半自动手枪的握把底部两侧有弧形凹槽，便于用手取出弹匣。

枪械杂谈 — 手枪 — 步枪 — 突击步枪 — 机枪 — 冲锋枪 — 霰弹枪 — 狙击枪

沙漠之鹰

1979年，美国麦格农研究所想要研究出一款能射击.357麦格农大威力子弹的新式手枪，并将此计划称为"麦格农之鹰"。1981年成功推出最早的沙漠之鹰的原型枪，但因种种原因由"以色列军事工业"负责接下来的改良，经过反复试验和不断改进，第一把"沙漠之鹰"终于面世。它具有后坐力大、质量好、精度高、杀伤力强等特点。

握把
难以单手握持的大握把，采用整体制造，一根弹簧销固定。

科普小课堂

- **研制国家：** 以色列
- **制造厂商：** 以色列军事工业公司
- **枪机种类：** 气动式
- **有效射程：** 200 米
- **弹 容 量：** 9发、8发、7发

.50AE　.44麦格农　.357麦格农

弹匣

"沙漠之鹰"口径大小是随着弹匣容量不断变化的。可以更换不同口径的枪管、闭锁件弹匣以及三种不同的子弹。

枪械杂谈 — 手枪 — 步枪 — 突击步枪 — 机枪 — 冲锋枪 — 霰弹枪 — 狙击枪

枪口制退器
将排出的部分废气转向后喷,以提供向枪口前方的推力,来抵消部分后坐力。

史密斯威森 M500 左轮手枪

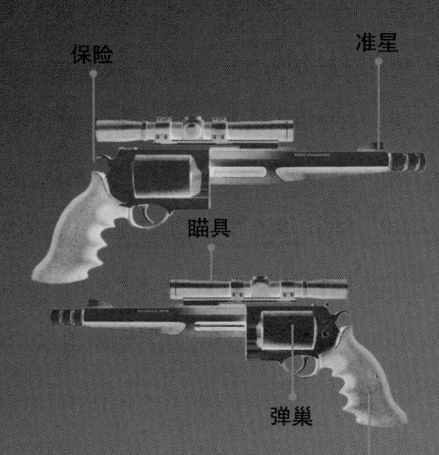

保险 准星 瞄具 弹巢 握把

2003 年,美国史密斯威森公司宣称生产出"当今世界威力最大且可以批量生产的左轮手枪"——史密斯威森 M500 左轮手枪。M500 左轮手枪的问世并没有辜负众人的期望以及公司对它所做的大力宣传,它所发射的子弹动能比大名鼎鼎的 .50 口径左轮手枪"沙漠之鹰"多一倍,杀伤力甚至已超出手枪的范围。

弹巢

容量为 5 发的弹巢。一般的转轮手枪弹膛能装 6 发子弹，而该枪由于子弹太大，只能装下 5 发。

科普小课堂

- **研制国家：** 美国
- **制造厂商：** 史密斯威森公司
- **口　　径：** 12.7 毫米
- **有效射程：** 50 米
- **弹 容 量：** 5 发

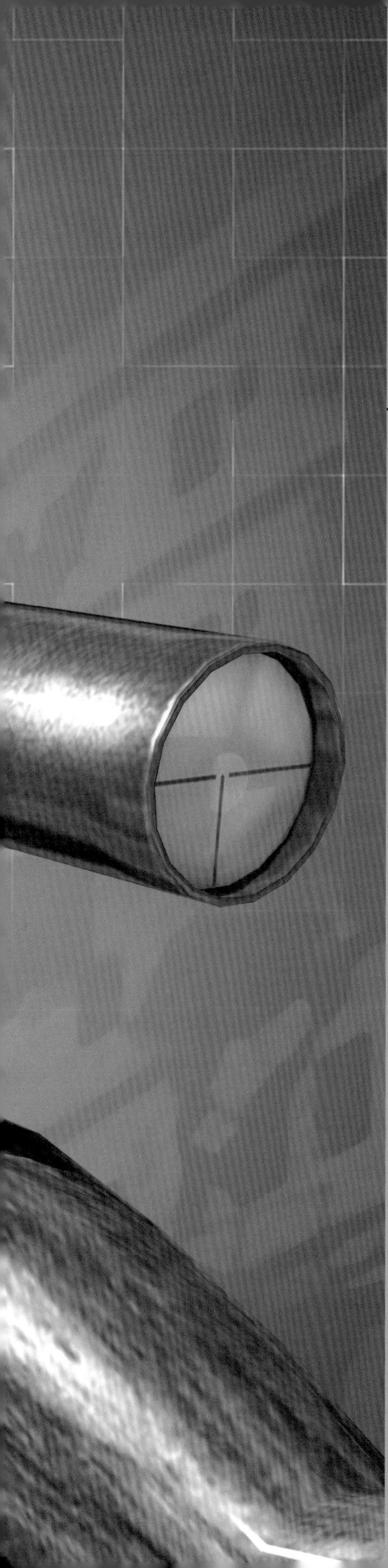

CHAPTER 3

第 三 章

步 枪

突火枪

中国的火枪发展较早,宋朝时就已经出现,当时叫作"突火枪"。发源地是在古时候的寿春,也就是现在的安徽省寿县,寿县曾是四朝古都,是一个历史悠久的文化古城。突火枪的出现无疑是火器发展中的又一重大进步,而这种火器中的子窠是由瓷片、碎铁、石子等材料组成,开创了后世各种管状类火器中弹丸的先河。

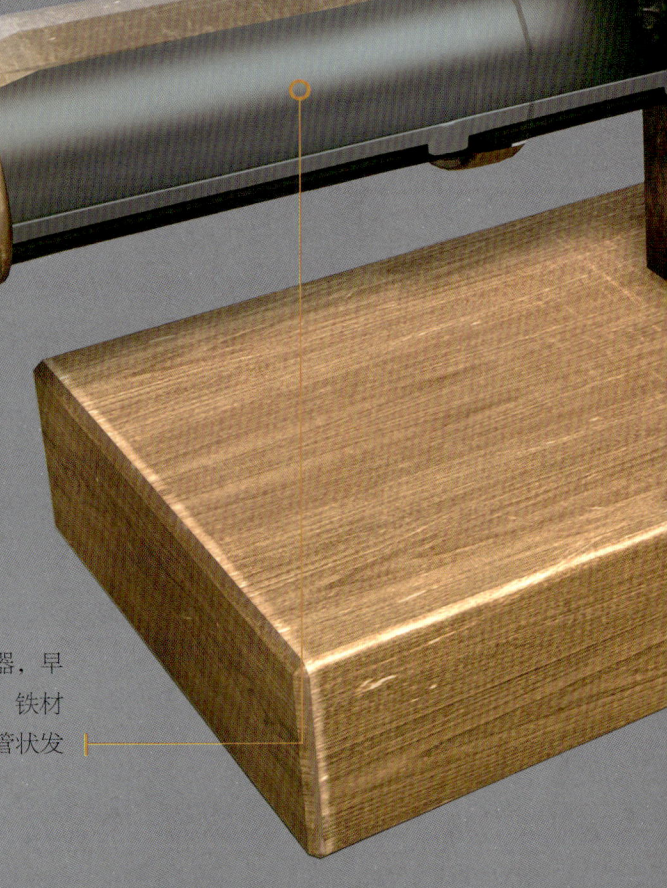

枪管
突火枪是管状抛射物发射器,早期以竹筒为枪身,后期改用铜、铁材质。中国发明的突火枪是现代管状发射武器的鼻祖。

子窠（kē）
　　子窠是火器史上一项重要发明，为突火枪早期所使用。突火枪在点燃引线后，火药喷发，将子窠射出。

科普小课堂

- 研制国家：宋朝
- 发 源 地：古时候的寿春
- 枪管材质：竹筒、铜、铁
- 弹药材料：瓷片、碎铁、石子
- 弹 容 量：1发

燧发枪

1635年，明代火器研究家毕懋康发明了自生火铳，该枪的结构性能与鸟铳（明朝对新式火绳枪的称呼）差异并不大，但是将点火装置改进为燧石点火。自生火铳是一种撞击式燧发枪，将扳机龙头下压，因弹簧的作用与火石摩擦点火。燧发枪不但克服了火绳点火法在风雨中对射击造成的困难，而且无须用手按龙头，瞄准较为准确，随时都能进行发射。燧发枪的诞生在中国火器史上是一项意义重大的变革。

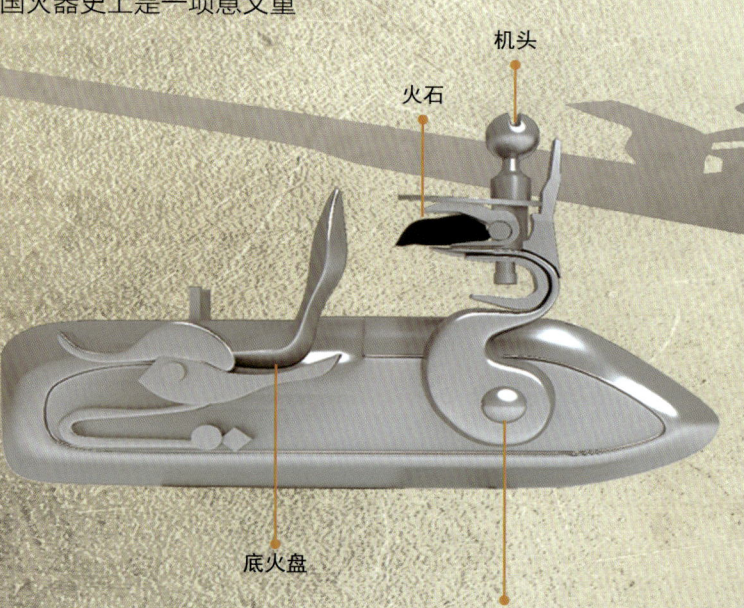

科普小课堂

- **研制国家：** 明朝
- **研 制 者：** 毕懋康
- **枪机种类：** 燧石点火
- **填弹方式：** 枪口前填弹
- **弹 容 量：** 1发

毛瑟步枪

科普小课堂

- 研制国家：德国
- 研 制 者：威廉·毛瑟、保罗·毛瑟
- 口　　径：7.92 毫米
- 有效射程：800 米
- 弹 容 量：5 发

　　1867 年，一款由德国毛瑟两兄弟——威廉·毛瑟与保罗·毛瑟设计的旋转后拉枪机式步枪问世，后被命名为 1871 式步枪，这款步枪可以说是现代步枪里的"一代宗师"，大多数的旋转后拉式枪机都是根据毛瑟兄弟设计的原理来设计的。毛瑟步枪曾被多次改型，其中 98 式"毛瑟步枪"可以说是步枪中的精品。

准星　　瞄具　　握把

背带圈　　扳机　　枪托

退壳装置
当子弹离开弹仓后，不旋转的抽壳钩能够立刻抓住弹壳底缘，牢牢控制住枪弹，直到弹壳抛出为止。

枪托
与枪身整体化的木制枪托，胡桃木材质。

拉机柄
在子弹没上膛的情况下，将拉机柄拉一下，即可送第一发子弹上膛。

枪械杂谈 — 手枪 — 步枪 — 突击步枪 — 机枪 — 冲锋枪 — 霰弹枪 — 狙击枪

枪管

枪管长610毫米,膛线左旋,斯普林菲尔德兵工厂采用4条膛线枪管,导程与膛线条数无关,均为254毫米。

M1903 斯普林菲尔德步枪

"一战"时期,由于M1903步枪的配备数量严重不足,美国将仿自德国毛瑟式步枪的一种恩菲尔德步枪P-14命名为M1917步枪,并投入战场。战争结束后,M1917步枪被撤装,美军只保留了M1903步枪作为制式步枪。

三八式步枪

由于日本三十式步枪在日俄战争时操作不良，在1907年，小石川炮兵工厂研究所对机枪进行了改良，之后正式被日军采用为制式武器，命名为"三八式小铳"。三八式步枪在中国一直被俗称为"三八大盖"，该名是因为它特别的防尘盖以及机匣上刻有"三八式"字样而来。

枪管

枪管为该枪的主要组成零件之一，枪管长769毫米，也是"二战"时期各种主战步枪中枪管最长者。

准星

准星形状为"∧"形，用燕尾槽与准星座配合，可以横向调整，前期生产的步枪没有准星护翼，后期才加装。

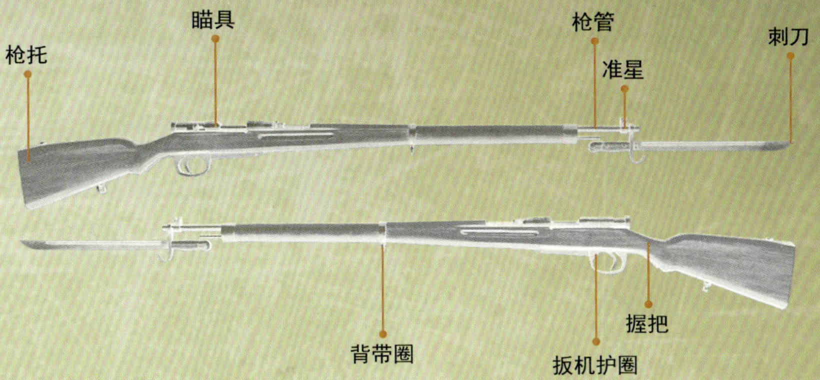

枪托　　瞄具　　　　　　　　枪管　　　　　刺刀
　　　　　　　　　　　　　准星

背带圈　　　　　　握把
　　　　　　　扳机护圈

膛线

　　枪管内部有 4 条右旋膛线，为了追求射击精度，膛线导程确定为 200 毫米，这在当时各式步枪中是最小的。

科普小课堂

- **研制国家：** 日本
- **研 制 者：** 有坂成章
- **口　　径：** 6.5 毫米
- **枪管长度：** 769 毫米
- **弹 容 量：** 5 发

枪械杂谈 — 手枪 — 步枪 — 突击步枪 — 机枪 — 冲锋枪 — 霰弹枪 — 狙击枪

61

PZB38 反坦克步枪

当坦克和装甲战斗车辆在第一次世界大战出现后，反装甲武器却极为稀少，成了当时战争中一种迫切的需要，这种情况直到莱茵金属公司生产出拥有更强大穿透力和高达 150 米射程的 38 型反坦克步枪才逐渐好转。PZB38 型反坦克步枪主要应用于战争早期，这种武器结构复杂、造价昂贵、射击噪声巨大，但是对于早期战壕作战时的装甲车辆来说，着实构成了巨大的威胁。

闭锁
单发操作，采用楔闩横动式闭锁机构，手持握把扣动扳机进行发射后，枪管后坐带动凸轮机构完成枪机开锁。

枪托
PZB38枪托可以折叠使用，在操作过程中，如果不是经过专业训练的士兵，肩膀可能会因后坐力大而脱臼。

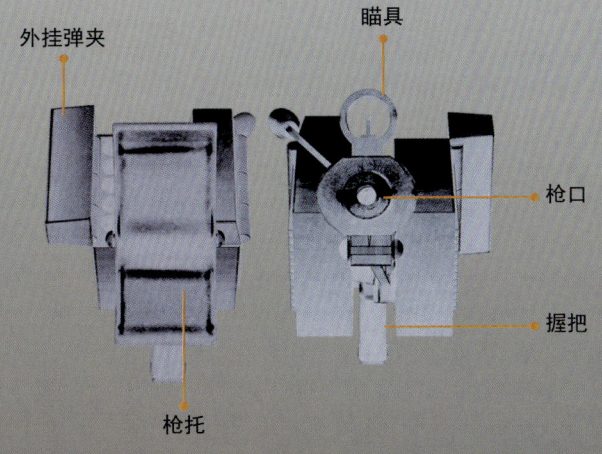

外挂弹夹　　瞄具　　枪口　　握把　　枪托

外挂弹夹

PZB38 是单发步枪，在每次射击后均需重新填装，因此在枪身外侧加装有外挂弹夹，容量为 10 发，方便填装子弹。

科普小课堂

- 研制国家：德国
- 制造厂商：莱茵金属公司
- 口　　径：7.92 毫米
- 有效射程：150 米
- 弹 容 量：外挂弹夹容量 10 发

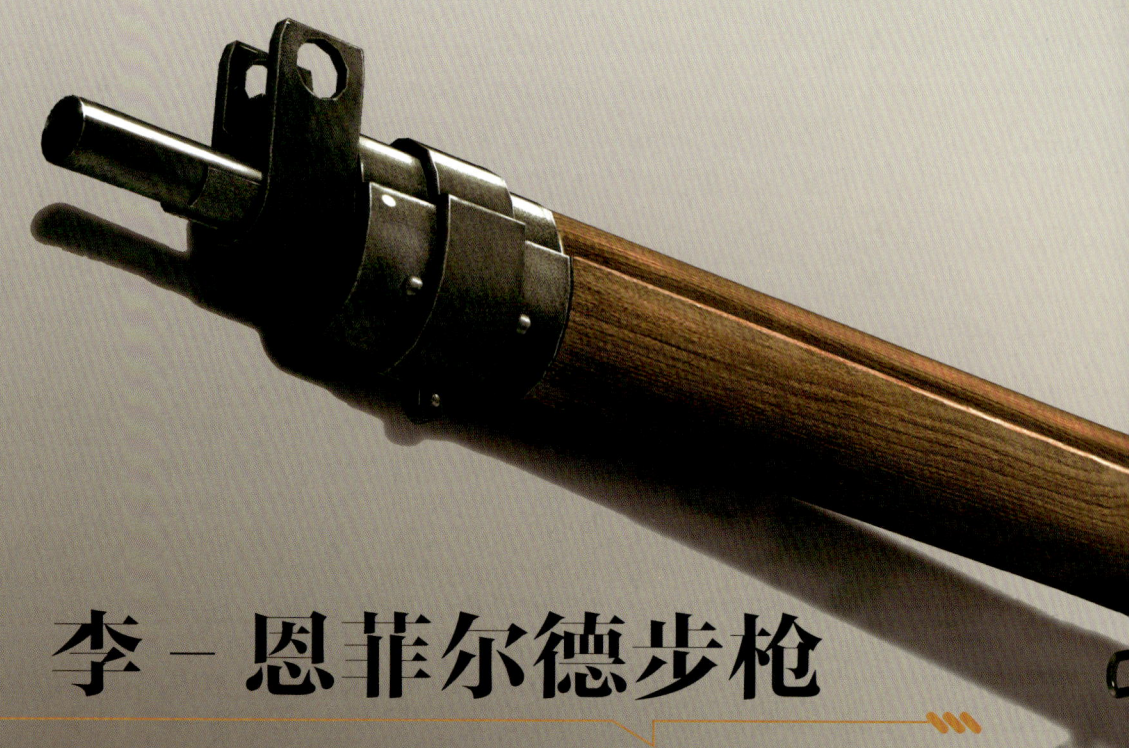

李-恩菲尔德步枪

1888年，在采用发射黑火药的李-梅特福弹匣式步枪的基础上，英国李氏步枪家族又新添了一位成员——李-恩菲尔德步枪。此枪由英国恩菲尔德皇家兵工厂生产的枪管和詹姆斯·帕里斯·李发明的旋转后拉式枪机结合而成。它因具有的贵族气质在第一次世界大战中备受推崇，直到现在，它仍在民用市场用于狩猎和打靶，或作为纪念品被收藏。

科普小课堂

- **研制国家：** 英国
- **制造厂商：** 恩菲尔德皇家兵工厂
- **口　　径：** 7.7毫米
- **有效射程：** 500米
- **弹容量：** 10发

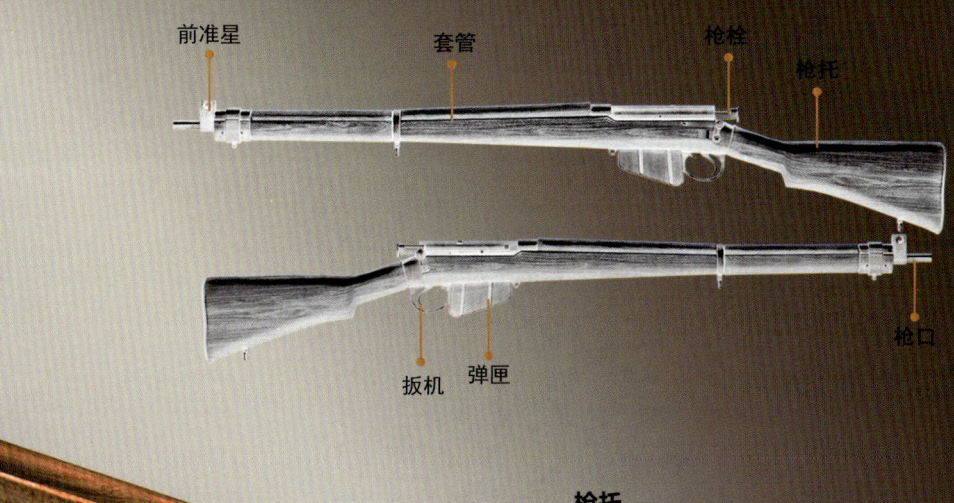

前准星　套管　枪栓　枪托

扳机　弹匣　枪口

枪托
木质枪托，方便使用者端起、协助瞄准射击的部件。

弹匣
固定式盒形双排容量10发弹匣，可拆卸，但装填子弹时不需拆卸弹匣，压入两个装5发子弹的弹夹即可。

枪栓
弹簧式枪栓设计，旋转后拉式枪机的标志性部件，通过它的旋转来完成开锁、闭锁等动作。

枪械杂谈 — 手枪 — 步枪 — 突击步枪 — 机枪 — 冲锋枪 — 霰弹枪 — 狙击枪

M-1 加兰德步枪

美国军队历来对单兵火力重视有加，1920年，设计师约翰·坎特厄斯·加兰德开始设计一款新型半自动步枪，经过一系列对比、试验，1936年才正式定型命名为M-1加兰德步枪，由于它的弹夹容量为8发，所以在中国一直被俗称为"大八粒"。M-1加兰德步枪在实战中被证明是一种可靠、耐用的步枪。

护手
木制枪托护木延伸至枪管中心，木制护手掩盖在枪管上，护手向前延伸，只露出三分之一长度的枪管。

枪管

枪管为枪械的主要组成零件之一，通常是以耐热不易变形的金属管打造而成，连接在膛室。

瞄具　准星　握把　枪管　枪托

凹槽

闭锁式枪机的两片前向推杆位于枪膛之后，扭转后可与枪机凹槽相容，枪机可直接从凹槽拆开，使枪支容易分解和清洁。

科普小课堂

- 研制国家：美国
- 研　制　者：约翰·坎特厄斯·加兰德
- 口　　　径：7.62 毫米
- 供弹方式：弹夹供弹
- 弹　容　量：8 发

枪械杂谈 — 手枪 — 步枪 — 突击步枪 — 机枪 — 冲锋枪 — 霰弹枪 — 狙击枪

莫辛－纳甘步枪

　　莫辛－纳甘步枪是于 1891 年采用了俄国陆军上尉谢尔盖·伊凡诺维奇·莫辛和比利时枪械师艾米尔·纳甘与李昂·纳甘共同的设计后而投入生产的。莫辛－纳甘步枪的优点是易于生产，使用简单可靠，不需太多的维护，符合当时俄国工业基础差、军队士兵素质低的实际状况。在"一战""二战"都有投入使用，甚至在日俄战争、越南战争、阿富汗战争中也都有它们活跃的身影。

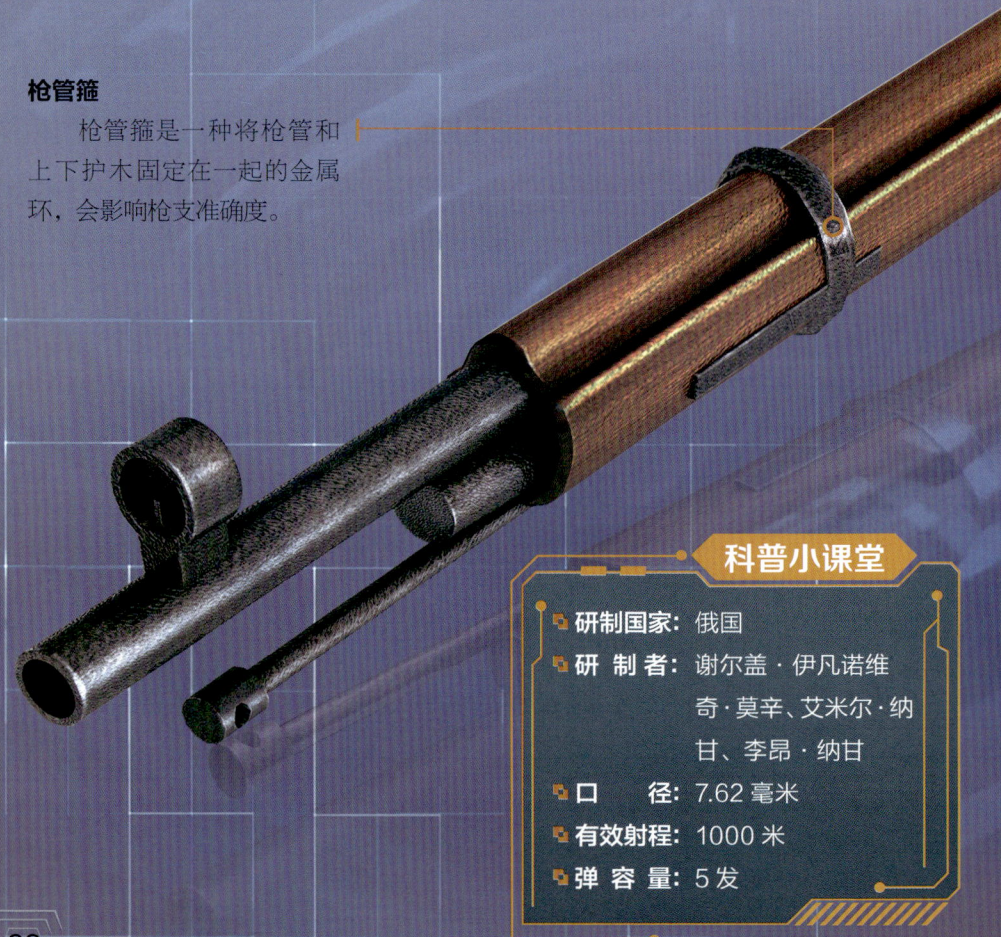

枪管箍
枪管箍是一种将枪管和上下护木固定在一起的金属环，会影响枪支准确度。

科普小课堂

- 研制国家：俄国
- 研 制 者：谢尔盖·伊凡诺维奇·莫辛、艾米尔·纳甘、李昂·纳甘
- 口　　径：7.62 毫米
- 有效射程：1000 米
- 弹 容 量：5 发

手动保险装置
　　枪机尾部凸出的一个"小帽",向后拉锁住击针,而向前推时会解脱保险状态,但操作时不太方便而且费力。

握把　机匣　抛壳窗　瞄具

枪膛　扳机

毛瑟 98K 步枪

20 世纪 30 年代，德国重整军备，根据毛瑟步枪标准型以及 98B 或卡宾枪的特点，毛瑟 98K 步枪将枪管缩短到与标准型步枪同样的 600 毫米，并保留经典的毛瑟式旋转后拉式枪机。此枪于 1935 年正式成为德国的制式步枪，该枪除了具有标准毛瑟步枪的特征外，自身独特的优势也占尽锋芒，将毛瑟手动步枪特点发挥到了极致。

扣环

毛瑟 98K 步枪只有一个前部扣环。取代后部扣环的是在枪托上的孔，背带可以从孔中穿入。

枪机组件

枪机有两个闭锁齿，都位于枪机顶部。这种系统有助于使步枪获得更好的精确度。

科普小课堂

- 研制国家：德国
- 制造厂商：毛瑟公司
- 口　　径：7.92 毫米
- 有效射程：500 米
- 弹 容 量：5 发

AKS-74U 自动步枪

AKS-74U 自动步枪是苏联于 1975 年设计并生产的一款短突击步枪,编号中的"U"为"缩短"的意思。

科普小课堂

- 研制国家:苏联
- 制造厂商:伊兹马什公司
- 口　　径:5.45 毫米
- 有效射程:200 米
- 供弹方式:30 发弹匣

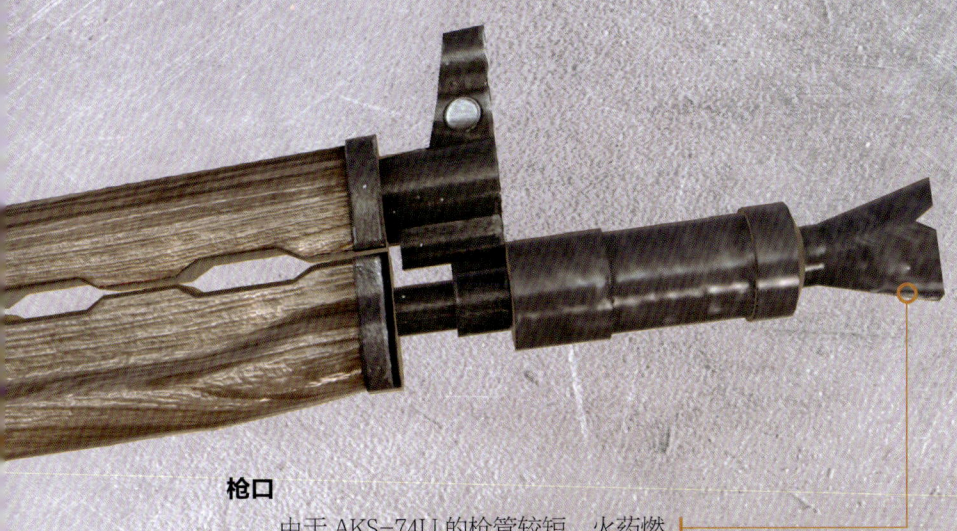

枪口

由于 AKS-74U 的枪管较短,火药燃气未能充分燃烧,会导致枪口火焰、噪声和后坐力增大。因此,AKS-74U 配备了一个带膨胀腔和喇叭形消焰器的枪口装置。当火药燃气进入膨胀腔后,会膨胀减压,再通过喇叭形消焰器进一步充分燃烧、减压,从而减小枪口火光和噪声。

AR-10 自动步枪

AR-10 自动步枪是由美国人尤金·斯通纳设计的一种气动、气冷、弹夹供弹的轻型步枪，采用直接导气式运作原理，机匣采用铝合金材料，护木和枪托采用玻璃纤维，减轻重量的同时还耐腐蚀。

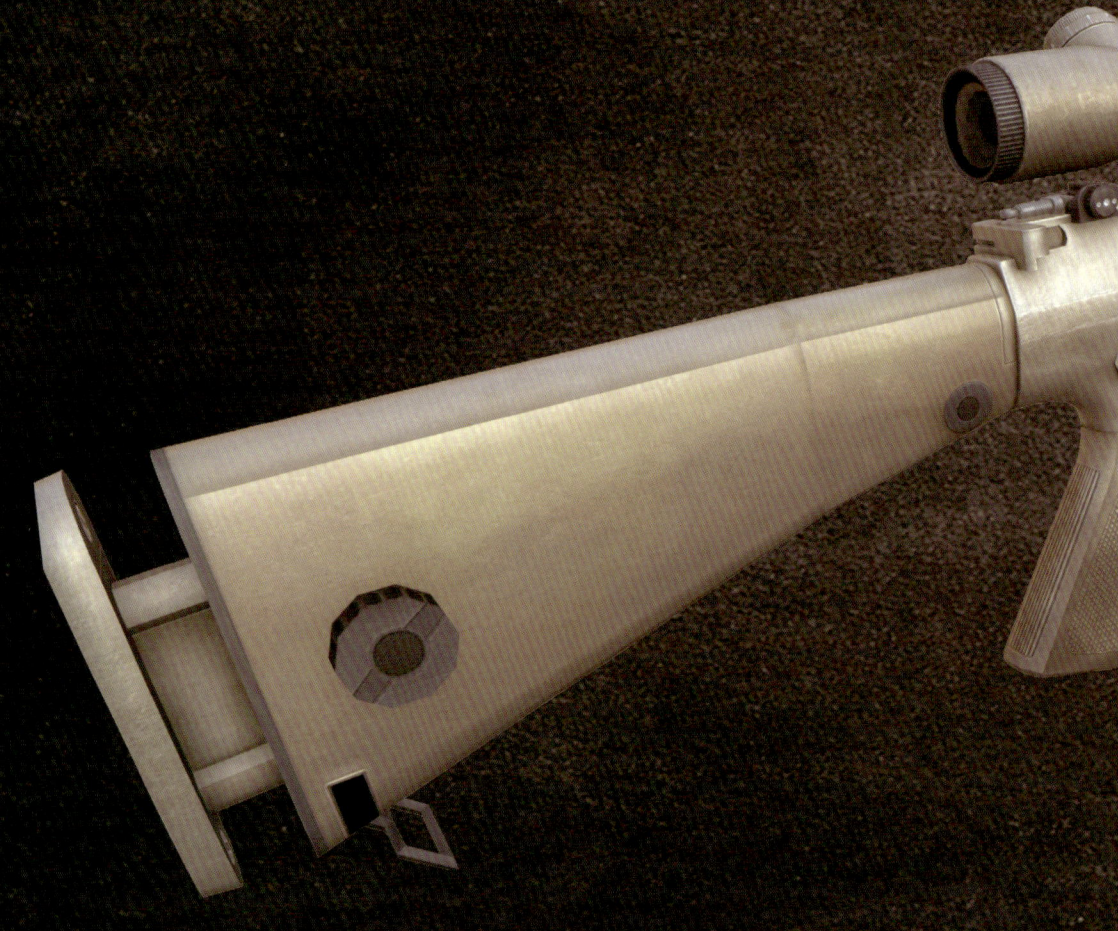

科普小课堂

- **研制国家：** 美国
- **研 制 者：** 尤金·斯通纳
- **口　　径：** 7.62 毫米
- **运作原理：** 直接导气式
- **容 弹 量：** 20～30 发

枪管

枪管内层镀铬，外层为铝。枪管外面套有塑料护木，枪口部有消焰制退器兼枪榴弹发射器座。导气孔距枪口的距离为枪管全长的三分之一。

M14 自动步枪

　　M14 自动步枪是 20 世纪 50 年代末到 60 年代初，美国在越战早期时使用的自动步枪。它是在 M1 半自动步枪的基础上设计出来的，于 1957 年开始进行批量生产。它制作精良，使用了当时制造业中先进的加工和处理技术。但是，该枪在越战后期就被 M16 突击步枪所取代了。

机匣
　　采用 8620 钢铸造，寿命可达 45 万发。

科普小课堂

- **研制国家：** 美国
- **制造厂商：** 春田兵工厂
- **口　　径：** 7.62 毫米
- **有效射程：** 460 米
- **弹 容 量：** 5发、10发、20发

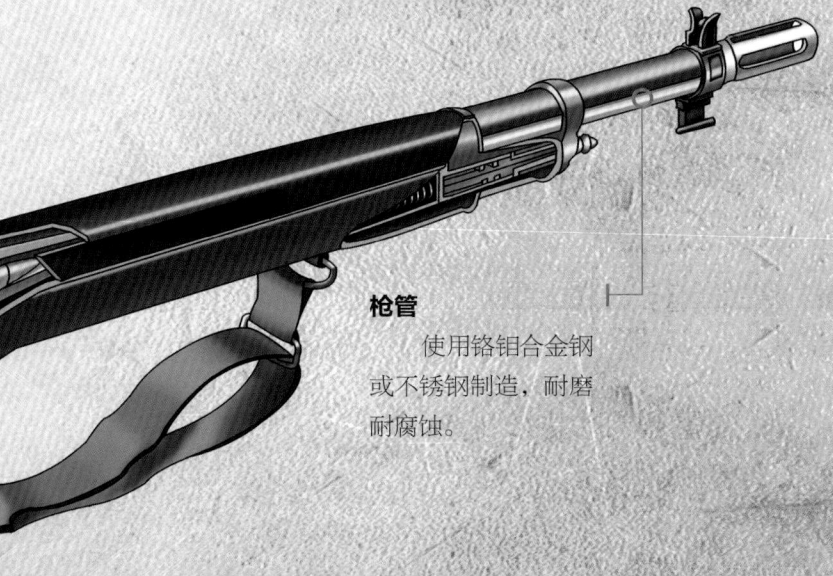

枪管
使用铬钼合金钢或不锈钢制造，耐磨耐腐蚀。

枪械杂谈 — 手枪 — 步枪 — 突击步枪 — 机枪 — 冲锋枪 — 霰弹枪 — 狙击枪

77

M16 自动步枪

　　1955年，越南战争爆发，面对苏联制造的AK-47突击步枪，美军使用手中的M14自动步枪作战越发感觉力不从心。1960年，美国柯尔特公司低价买下AR-15自动步枪的正式生产权且进一步完善了设计，将新枪型命名为M16自动步枪，该枪经过多场战争的"洗礼"，发展至今仍雄踞"十大名枪"榜单第二位。

快慢机

保险、单发、连发三个位置互成90度夹角，射手在准备射击时，只需用一根拇指即可打开保险，进行射击。

科普小课堂

- 研制国家：美国
- 制造厂商：柯尔特公司
- 口　　径：5.56 毫米
- 有效射程：550 米
- 弹 容 量：20 发、30 发

抛壳机

　　M16 自动步枪抛壳窗后有一块突起的结构，使抛壳方向朝向斜前方，巧妙地避免了抛壳会造成射手脸部伤害的危险。

抛壳机　瞄准器　枪口　枪托　套管　弹匣　握把

枪械杂谈 — 手枪 — 步枪 — 突击步枪 — 机枪 — 冲锋枪 — 霰弹枪 — 狙击枪

M16A1 步枪

M16A1 步枪是美国在 M16 自动步枪的基础上增加了一个枪机辅助闭锁装置而来的,它诞生于 1966 年,起源于 20 世纪 50 年代中期最具创新意识的大威力军用步枪——AR-10 步枪,成为当时美国陆军的标准军用步枪。该枪采用小口径 5.56 毫米的子弹,是世界上第一种被列入正式装备的小口径步枪,也是美国对越战争中的"偶像步枪"。

携带把手
M16A1 步枪套筒座上的携带把手不仅可为士兵携带枪支所用,还可以当作瞄具的底座使用。

科普小课堂

- **研制国家:** 美国
- **制造厂商:** 柯尔特公司
- **口　　径:** 5.56 毫米
- **有效射程:** 550 米
- **弹 容 量:** 20 发、30 发

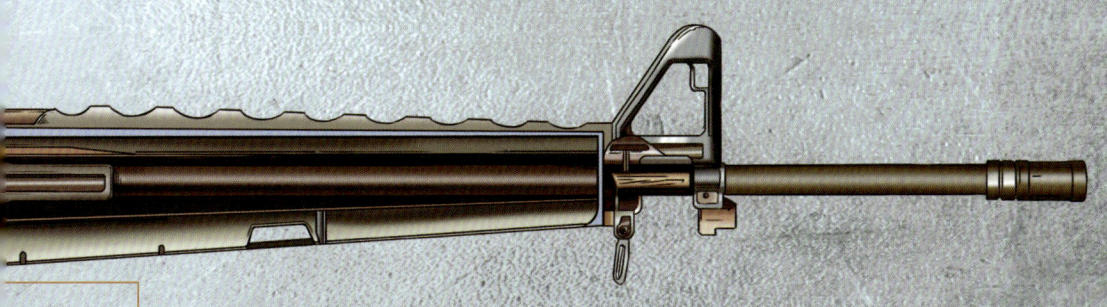

子弹

　　M16A1 步枪发射口径为 5.56 毫米的子弹，它最先使用这种小口径子弹的步枪之一，这也是 M16A1 步枪最为突出的特征。

FAL 自动步枪

FAL 自动步枪由比利时枪械设计师迪厄多内·塞弗设计，在比利时国营赫斯塔尔公司研制的一种自动步枪。FAL 自动步枪于 1953 年正式投产服役。随后在世界上 70 多个国家服役，至少 10 个国家在制造该枪。FAL 自动步枪以其优秀的性能、可靠性和广泛的应用而备受赞誉，是一种优秀的自动步枪。

瞄具

前端配备护翼的准星，后端配备觇孔式照门，同时还可以安装光学瞄准镜。

枪托

固定枪托型上的复进簧收容在枪托内，而折叠枪托型的复进簧则固定在机匣中，因此折叠枪托型的机框、机匣盖和复进簧都稍有不同。

科普小课堂

- 研制国家：比利时
- 研 制 者：迪厄多内·塞弗
- 口　　径：7.62毫米
- 有效射程：650米
- 弹 容 量：20发、30发

CHAPTER 4

第 四 章

突击步枪

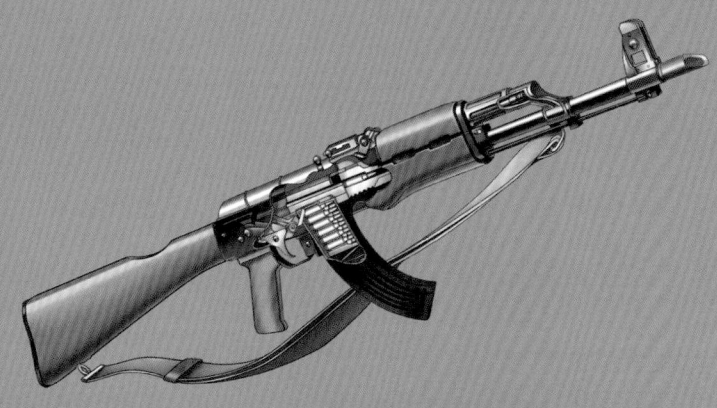

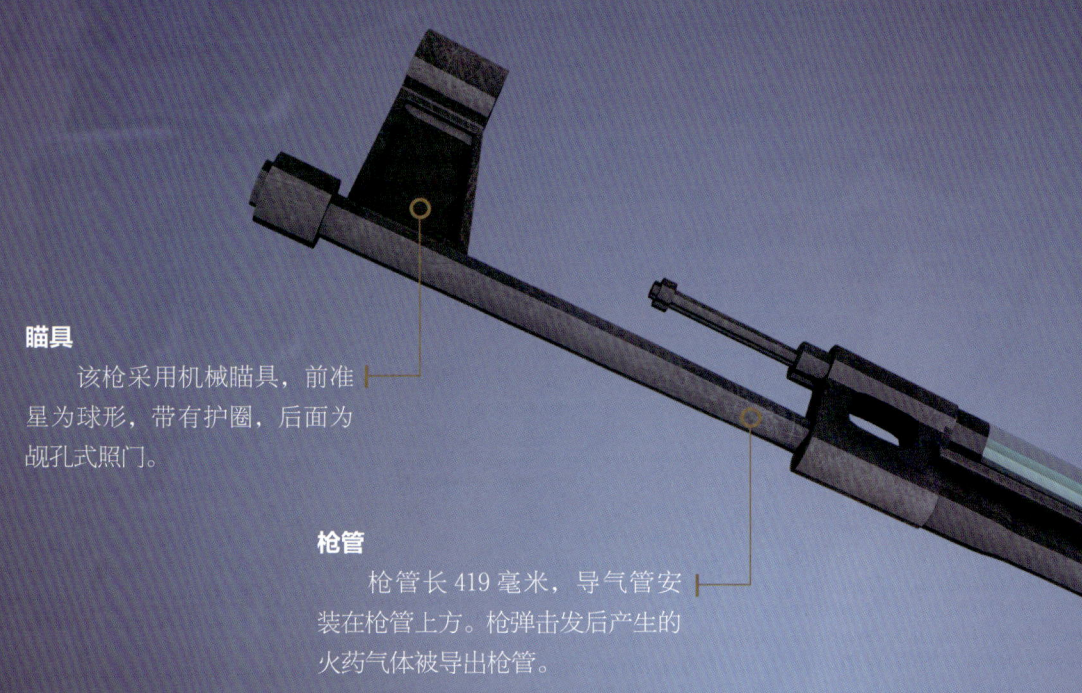

瞄具 该枪采用机械瞄具，前准星为球形，带有护圈，后面为觇孔式照门。

枪管 枪管长419毫米，导气管安装在枪管上方。枪弹击发后产生的火药气体被导出枪管。

StG44 突击步枪

"一战"远距离壕沟战已成历史，但是在以近距离城镇战为主的"二战"时期，多数军队装备的武器还是有效射程超过600米、标尺射程1500米的步枪。就在这时，德国著名轻武器设计师雨果·施迈瑟设计了一款最先使用短药筒的中间型威力枪弹并大规模装备军队的自动步枪——StG44突击步枪。该枪是历史上的首支突击步枪，它的存在弥补了射程150~400米的火力空当，是一款具有划时代意义的突击步枪。

科普小课堂

- **研制国家：** 德国
- **研 制 者：** 雨果·施迈瑟
- **口　　径：** 7.92 毫米
- **有效射程：** 350～500 米
- **弹 容 量：** 30 发

机匣　枪机框　活动导杆

枪管　弹匣　握把　枪托

握把

握把前部向下凹，类似鱼尾形，仅仅作为木制件螺接在机匣上，没有它也不影响枪的功能。

弹匣

采用容量为 30 发的弧形弹匣，重量适中，单兵可以大量携带，能够很好保证火力的持续性。

枪械杂谈 — 手枪 — 步枪 — 突击步枪 — 机枪 — 冲锋枪 — 霰弹枪 — 狙击枪

AR-15 自动步枪

AR-15 自动步枪是由美国著名枪械设计师尤金·斯通纳研发的，以弹匣供弹、具备半自动或全自动设计模式的自动步枪。AR-15 自动步枪的一些重要特点包括小口径、精度高、初速高。由于是第一种使用 5.56 毫米口径的步枪，它又被誉为开创小口径化先河的步枪。

扳机
射击扳机可根据不同的射击需要进行调整，以达到最佳的射击效果。

科普小课堂

- 研制国家：美国
- 研 制 者：尤金·斯通纳
- 口　　径：5.56 毫米
- 有效射程：550 米
- 弹 容 量：10 发、20 发、30 发

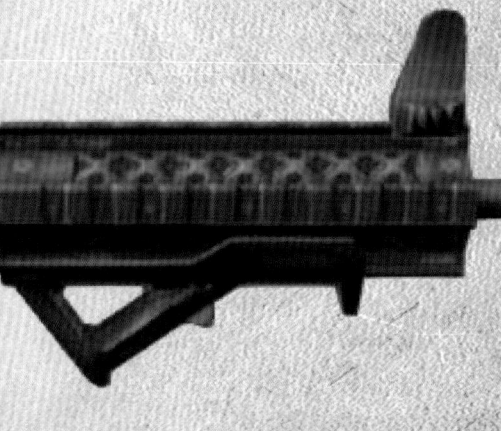

枪管
　　枪管长度比传统的步枪要短，便于携带，同时可以在狭小的空间内使用。

瞄具
机械瞄准具设在提把上，并有提把两侧的护板保护，提把上还配有瞄准镜座，能够安装各种光学瞄准装置。

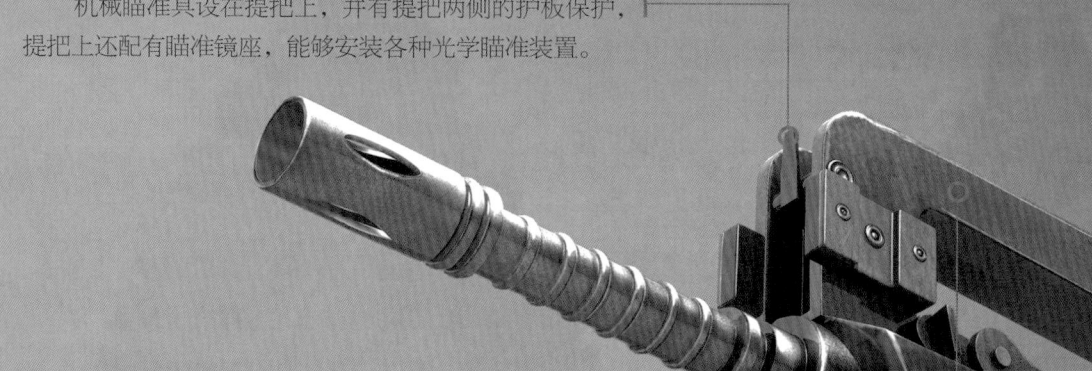

提把
装有两脚架的提把采用增强塑料制成，质量小，牢固可靠，既保护瞄准装置，又起到隔热作用。

FAMAS 突击步枪

20世纪60年代以后，随着工程塑料、铝合金、不锈钢等新型材料大量应用到枪械制造中，致使更轻巧耐用的新式枪械大量出现。1971年，法国轻武器专家保罗·泰尔就是在这样的大环境下研制出了一款结构非常有特色的突击步枪FAMAS。该枪是目前世界上最短的自动步枪之一，在乍得战争和海湾战争中经受战火考验，从而入选"世界六大名枪"。

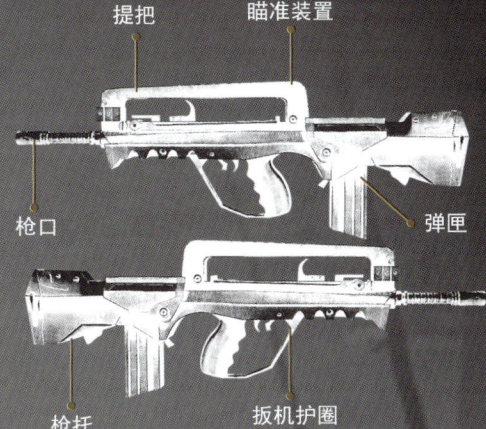

提把　瞄准装置
枪口
弹匣
枪托　扳机护圈

科普小课堂

- 研制国家：法国
- 研 制 者：保罗·泰尔
- 口　　径：5.56 毫米
- 有效射程：450 米
- 弹 容 量：25 发

枪托

FAMAS 枪托内装有缓冲装置，不仅有助于保证发射枪弹的射击精度，还能吸收枪弹发射时的相当一部分后坐能量。

扳机护圈

扳机机构安装在下护木上，弹匣入口前方，扳机护圈可旋转 180 度，方便士兵寒冷环境下戴手套操作。

AK-47 突击步枪

在第二次世界大战的钢铁洪流中，更快更强的突击步枪被研发出来，它就是苏联AK-47突击步枪。该枪自诞生以来，以稳定、可靠、性价比高闻名于世。1949年，AK-47突击步枪正式装备苏军，从此活跃于世界战争舞台之上，成为一代名枪。20世纪60年代，世界上有60多个国家装备AK系列。在轻武器发展史上，只有马克沁、毛瑟和勃朗宁等枪系能和它一较高下。

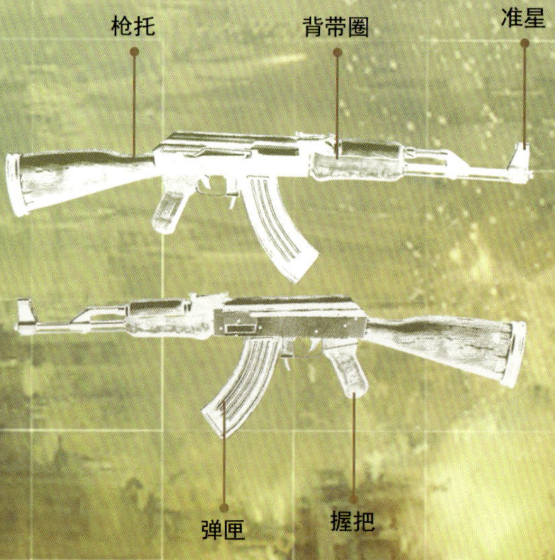

枪托　背带圈　准星

弹匣　握把

快慢机柄

　　快慢机柄位于枪体最上方时，下突出部顶住单发阻铁后突出部和扳机后端突出部右侧，以实现保险作用。

科普小课堂

- **研制国家：** 苏联
- **制造厂商：** 伊兹马什公司
- **口　　径：** 7.62 毫米
- **有效射程：** 300 米
- **弹 容 量：** 30 发

AKM 突击步枪

AKM 突击步枪即卡拉什尼科夫突击步枪，是苏联于 20 世纪 50 年代末对 AK-47 突击步枪进行改进而成的。与 AK-47 突击步枪不同，它后坐力更小，安全性更佳，是历史上生产数量最多的一种轻武器，几乎参加了 20 世纪下半叶发生的所有战争，即使现在，仍有生产。

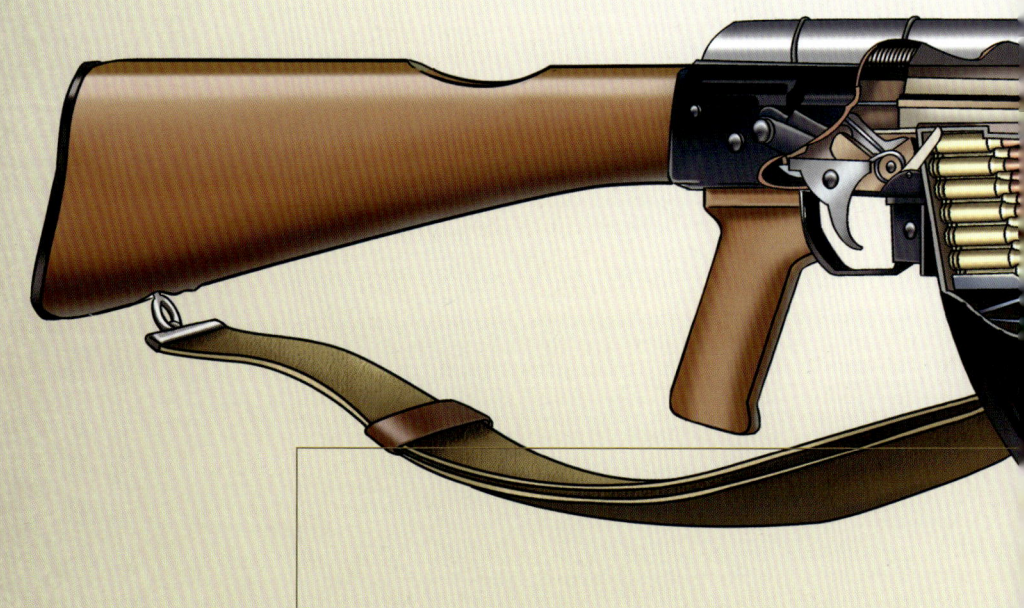

冲铆机匣

AKM 突击步枪用冲铆机匣代替了 AK-47 第 3 型的铣削机匣，生产成本大大降低。此外，这种新的机匣重量比 AK-47 第 1 型的冲压机匣和第 3 型的铣削机匣都要轻，这大大降低了该枪的整体重量，使它在实际作战中更加方便携带。

科普小课堂

- **研制国家：** 苏联
- **制造厂商：** 伊兹马什公司
- **口　　径：** 7.62 毫米
- **有效射程：** 1000 米
- **弹 容 量：** 30 发

无壳弹

即把发射药固化成子弹形状,然后镶嵌弹头和特殊底火,发射后底火、发射药完全燃烧,弹头被推送出枪膛。

科普小课堂

- 研制国家:德国
- 制造厂商:HK 公司
- 口　　径:4.7 毫米
- 有效射程:300 米
- 弹 容 量:50 发

G11 无壳弹步枪

G11 无壳弹步枪设计计划由德国 HK 公司和诺贝尔炸药公司共同负责。经过 20 多年的努力，G11 无壳弹步枪系统日趋成熟。1990 年，德国陆军部宣布 G11 无壳弹步枪已通过测试使用要求，但就在即将装备军队的这一年，世界政治局势发生了巨大变化，所以 G11 无壳弹步枪的采购计划也被取消了。

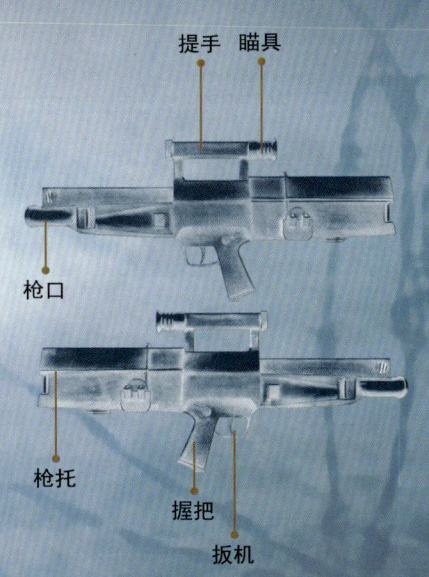

提手　瞄具
枪口
枪托
握把
扳机

窗口
在接近弹匣底板处有一孔径为 25.4 毫米的窗口，可以看到弹匣簧，簧中如涂有一圈红色，则表明弹匣已装满枪弹。

KAC PDW

2006年2月,KAC公司展出了一种新的短枪管武器的原型,被称为CQB PDW(室内近战/个人自卫武器)。KAC PDW是一款紧凑和轻巧的武器,它非常适合车辆驾驶员等非前线战斗人员携带使用,也适合特种部队用于近距离作战。

导轨

机匣顶部的MIL-STD-1913战术导轨上可安装机械瞄具、日间/夜间光学瞄准镜、红点镜/反射式瞄准镜、全息瞄准镜等。

科普小课堂

- **研制国家：** 美国
- **研制公司：** KAC 公司
- **口　　径：** 6 毫米
- **有效射程：** 250～300 米
- **弹 容 量：** 20 发、30 发

枪管

枪管长有 10 英寸和 8 英寸两种，表面有许多凹孔，用于减轻重量，也使枪管外表很别致。

ASP 水下突击步枪

起初,苏联海军蛙人只装备水下匕首和 AK 步枪,但这些步枪也只能在水面上使用。为了有效对抗水下有生目标,仅靠水下匕首等冷兵器是远远不够的,苏联专家从 60 年代末开始研制蛙人的水下射击武器。1970 年初,由弗拉迪米尔·西蒙诺夫领导的研制小组,研制出 APS 水下突击步枪。该枪导气系统采用自动调节导气箍的专利技术,从而使该枪在水底或水面上都能正常工作,但却也存有一些不可解决的弊端。

自动调节导气箍
自动调节导气箍是枪管与气体调节器的连接件,固定在枪管上。

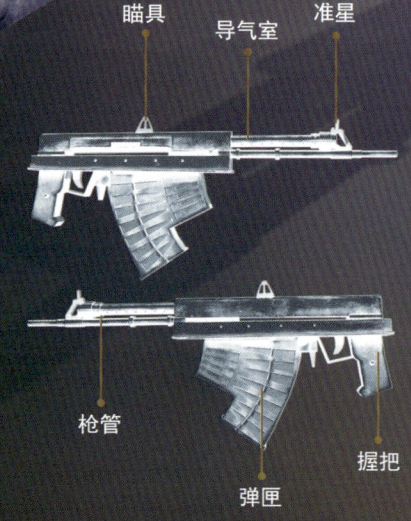

瞄具　导气室　准星

枪管　弹匣　握把

科普小课堂

- **研制国家：** 苏联
- **研 制 者：** 弗拉迪米尔·西蒙诺夫领导的研制小组
- **口　　径：** 5.66 毫米
- **有效射程：** 水下 5 米时为 30 米，水下 20 米时为 20 米，水下 40 米时为 11 米
- **导气系统：** 自动调节导气箍技术

弹匣

APS 水下突击步枪的弹匣主要由弹匣体部件、托弹簧部件和弹匣底板组成。

枪械杂谈 — 手枪 — 步枪 — 突击步枪 — 机枪 — 冲锋枪 — 霰弹枪 — 狙击枪

101

CZ805 突击步枪

　　CZ805 突击步枪是由捷克布罗德兵工厂公司制造的一款先进的突击步枪，设计和性能都很卓越。这款突击步枪融合了创新工程技术和实战经验，成为现代军事装备领域的一颗璀璨明珠。

枪管
可以通过更换快拆式枪管、弹匣插座、枪机的方式来切换口径和不同枪管。

科普小课堂

- **研制国家:** 捷克
- **研制厂商:** 布罗德兵工厂
- **口　　径:** 5.56毫米、7.62毫米
- **有效射程:** 500米
- **弹 容 量:** 30发

枪托
可调节的折叠式枪托,以及人性化的操作控件,提高了射手的舒适性和操作便捷性。

枪管
枪管用高强度钢成型,外表有环形的散热筋,弹膛和枪膛内镀铬。

AUG 突击步枪

20世纪60年代后期,奥地利的和平环境已基本形成,虽然早已结束数十年被占领、分割、吞并的历史,但军方依然担心历史重演,对国防问题不敢怠慢,于是提出制作新武器的要求。精度不能低于比利时的FNFAL步枪,重量不大于美国的M16自动步枪,全长不得超过现代冲锋枪的长度,在恶劣环境中可靠性不低于苏联的AK-47和AKM突击步枪,就此AUG突击步枪横空出世。

科普小课堂

- **研制国家：** 奥地利
- **制造厂商：** 斯泰尔·曼利夏公司
- **口　　径：** 5.56 毫米
- **有效射程：** 500 米
- **弹　容　量：** 30 发

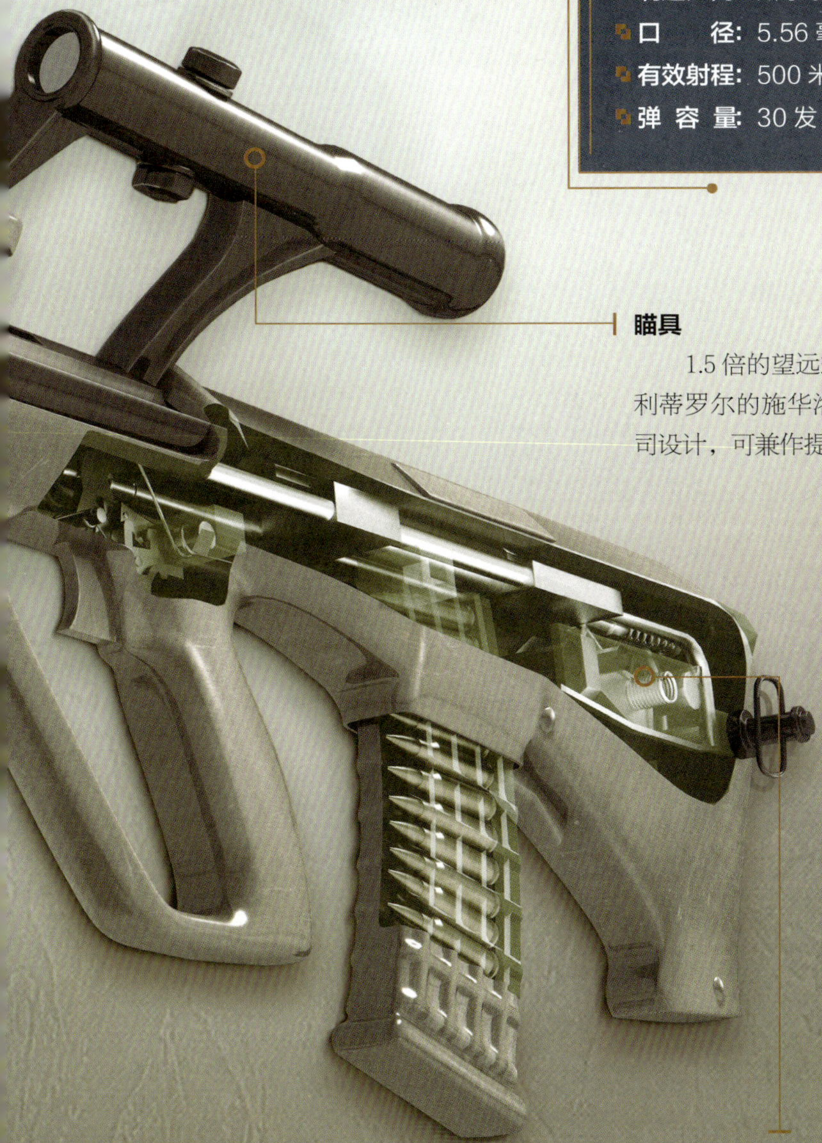

瞄具

1.5 倍的望远式瞄准镜，由奥地利蒂罗尔的施华洛世奇光学仪器公司设计，可兼作提把。

击锤组件

除弹簧和转轴由金属制成以外，整个击锤组件均由塑料制成。

SIG SG516
突击步枪

SIG SG 516 是由瑞士 SIG 公司开发的缩短版本突击步枪/卡宾枪/半自动步枪，在 2010 年首次亮相。SIG SG 516 系列步枪包括巡逻型、特等射手型、基本巡逻型、运动型、个人防卫武器型、近身距离作战型及战术巡逻型。

枪管

SIG SG 516 推出了4种长度的枪管，分别为7英寸（177.8毫米）、10英寸（254毫米）、14.5英寸（368.3毫米）和16英寸（406.4毫米）。

科普小课堂

- **研制国家:** 瑞士
- **制造厂商:** SIG 公司
- **口　　径:** 5.56 毫米
- **有效射程:** 400 米
- **弹 容 量:** 20 发、30 发

瞄具

机匣顶部的 MIL-STD-1913 战术导轨上可安装机械瞄具、日间/夜间光学瞄准镜、红点镜/反射式瞄准镜、全息瞄准镜、夜视镜等。

枪械杂谈 — 手枪 — 步枪 — 突击步枪 — 机枪 — 冲锋枪 — 霰弹枪 — 狙击枪

SG552 短突击步枪

20世纪80年代,黑帮在欧洲频繁活动,跨国犯罪势力日益强大,瑞士特警部队意识到有必要加强自身警备力量,以应对不可预知的治安压力,委请SIG公司研发新式武器,于是SG552短突击步枪在这样的背景下诞生。SG552短突击步枪最醒目的特点就是枪管在冲锋枪的基础上再缩短,它克服了枪管缩短给弹道性能带来的不良反应,用最中肯的控制力使它成为当代微型突击步枪的佼佼者。

科普小课堂

- 研制国家:瑞士
- 制造厂商:SIG公司
- 口　　径:5.56毫米
- 有效射程:300米
- 弹 容 量:5发、20发、30发

枪管

枪管长度为 226 毫米，还不到 SG550 标准型步枪 528 毫米的一半，可以想象有效射程大概只有 300 米甚至更少。

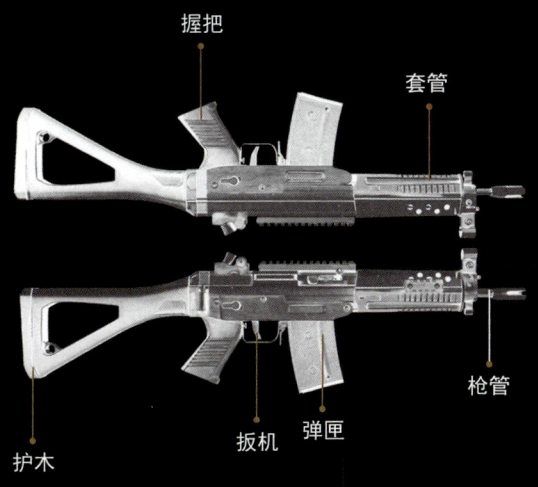

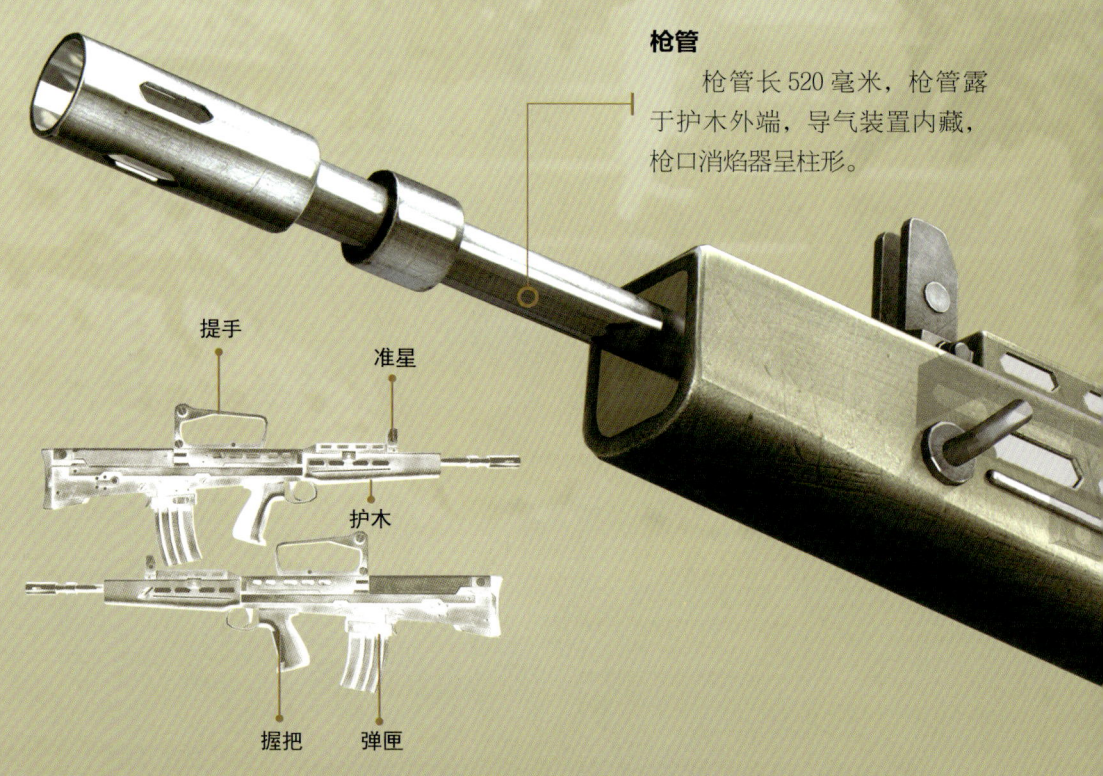

枪管

枪管长520毫米,枪管露于护木外端,导气装置内藏,枪口消焰器呈柱形。

提手　准星

护木

握把　弹匣

L85A1 突击步枪

20世纪70年代初,英国老牌枪械厂恩菲尔德兵工厂开始研制适用4.85毫米子弹的单兵武器,但由于北约国家纷纷采用5.56毫米子弹的小口径步枪,英国只好将设计改为5.56毫米口径,并在1985年英国陆军验收了第一批名为恩菲尔德SA80突击步枪,也就是后来的L85A1式5.56毫米口径突击步枪。L85A1突击步枪继承了老式步枪精确瞄准射击的优点,具有典型的西欧武器特点。

科普小课堂

- **研制国家：** 英国
- **制造厂商：** 恩菲尔德兵工厂
- **口　　径：** 5.56 毫米
- **有效射程：** 400 米
- **弹 容 量：** 10 发、30 发

机匣

　　该枪是无托结构，机匣即为枪托，在金属壳内有枪机进行闭锁、击发、退壳等动作，枪管和弹匣也是接在机匣部。

SR-556 突击步枪

SR-556 突击步枪是斯图姆·鲁格（Sturm Ruger）公司设计的一款活塞式 AR。SR-556 的特点是它的导气系统有气体调节功能，导气箍前有一个可以旋转的调节器，标记从 0 至 3，其中"0"是关闭导气孔，"2"是发射正常弹药的导气量，"3"是发射低压弹药，而"1"适合发射高膛压的弹药。

枪管
枪管采用不锈钢材料，表面进行特殊处理，以保证其使用寿命和精度。

弹匣
可使用"STANAG 4179"接口弹匣、STANAG 弹匣、C-Mag 弹鼓、CL-Mag 弹鼓。

科普小课堂

- 研制国家：美国
- 制造厂商：斯图姆·鲁格公司
- 口　　径：5.56毫米
- 发射模式：半自动
- 弹 容 量：30发

导轨

在机匣、护木至导气箍顶部有MIL-STD-1913战术导轨。

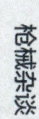

枪管

一些 M4A1 卡宾枪装配较厚、较重的枪管，以减少全自动开火时所产生的热力，并且有加厚铝质隔热层。

科普小课堂

- **研制国家**：美国
- **制造厂商**：柯尔特公司
- **口　　径**：5.56 毫米
- **有效射程**：360 米
- **弹 容 量**：20 发、30 发、35 发

榴弹发射器

皮卡汀尼导轨是 M4A1 卡宾枪的标准化附件安装平台，它使 M4A1 卡宾枪可以快速安装及拆下 M203 榴弹发射器。

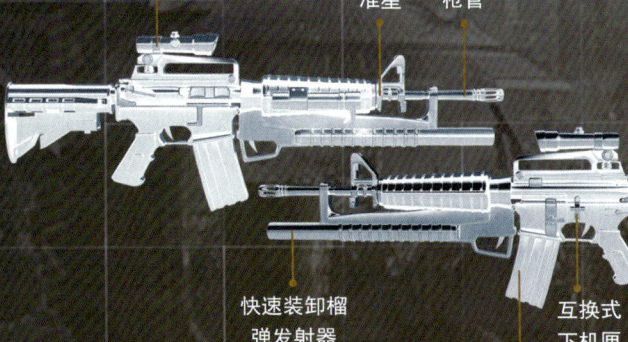

- 夜视瞄准镜
- 准星
- 枪管
- 伸缩式枪托
- 快速装卸榴弹发射器
- 互换式下机匣
- 弹匣

M4A1 卡宾枪

1991年海湾战争爆发前美军非前线战斗人员和空降部队提出卡宾枪的使用需求，于是柯尔特公司开始在M16突击步枪的基础上研制新的卡宾枪。1991年美国军方正式将新式卡宾枪定型命名为"美国5.56毫米北大西洋公约组织口径M4卡宾枪"，而后又研制了M4的改进型。在1994年，改进型被军方采纳，被命名为"美国5.56毫米北大西洋公约组织口径M4A1卡宾枪"。

击锤组件
除弹簧和转轴由金属制成以外，整个击锤组件均由塑料制成。

FNSCAR 突击步枪

进入 21 世纪后，美军特战司令部提出能代替现役枪支的新枪设计要求。比利时 FN 公司按要求设计出了一款能在沙尘环境中使用的 FNSCAR 突击步枪。该枪有使用 5.56 毫米北约弹药的轻型版和 7.62 毫米北约弹药的重型版两种版本，两种版本均可改装成"狙击型态"或"近战型态"，FNSCAR 自 2007 年亮相后便迅速成为多个国家的新宠。

科普小课堂

- **研制国家：** 比利时
- **制造厂商：** FN 公司
- **口　　径：** 5.56 毫米、7.62 毫米
- **枪机类型：** 转栓式枪机
- **弹 容 量：** 20 发

导轨

FNSCAR 特征为从头到尾不间断的战术导轨在铝制外壳的正上方排开，两个可拆式导轨在侧面。

机匣

机匣由上下两个部分组成，由两个十字头销子连接，上机匣由铝冲压制成，下机匣采用聚合物材料。

导气室
子弹击发后所产生的高压气体经过枪管上的导孔来推动连接枪机的结构，帮助枪机开锁、闭锁、退壳与进弹。

枪口增压器
该枪采用枪口增压器，实际上如果没有枪口增压器的协助，机枪的射速就无法进一步提高，性能也就无法充分发挥。

AN-94 突击步枪

1974年，开始装备苏联陆军的AK-74突击步枪在阿富汗战争复杂的山地环境下暴露出大量问题。军方提出"阿巴坎计划"，要求新枪在保持AK-74突击步枪可靠性的同时，精度要比AK-74突击步枪高5~10倍，并能够安装如榴弹发射器、各种光学瞄具等制式配套组件。经过一系列测试后，伊热夫斯克机械厂根纳金·尼科诺夫设计的AN-94突击步枪击败竞争对手，成功入选。

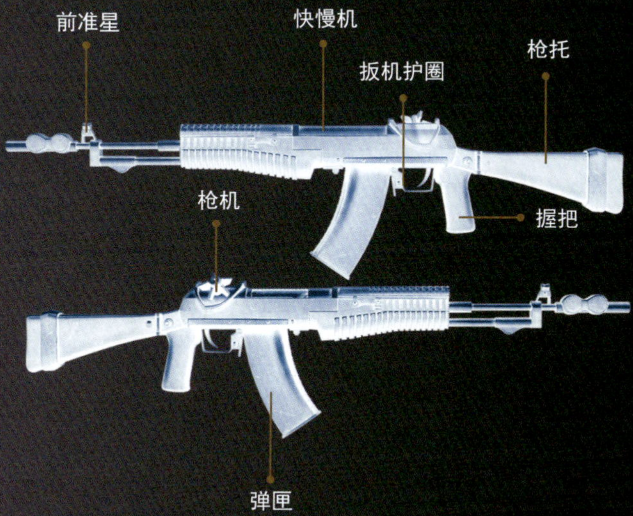

前准星　　快慢机
　　　　　扳机护圈　　枪托

枪机

握把

弹匣

科普小课堂

- **研制国家：** 俄罗斯
- **制造厂商：** 伊热夫斯克机械制造厂
- **口　　径：** 5.45 毫米
- **枪机类型：** 气动式
- **弹 容 量：** 30发、45发、弹鼓60发

枪托

　　整个枪托与枪壳一样，都是采用玻璃纤维增强的聚酰胺，枪托可向右折叠以减少该枪的长度。

枪械杂谈 — 手枪 — 步枪 — 突击步枪 — 机枪 — 冲锋枪 — 霰弹枪 — 狙击枪

G36K 突击步枪

随着20世纪90年代柏林墙的倒塌，德国政治、经济都发生重大变化，德国联邦国防军提出新的制式步枪招标要求。1993年，德国国防技术与采购署的专家组对市场上出售的10款步枪和7款轻机枪进行了预选。1995年，德国本土的HK50淘汰了奥地利的AUG突击步枪和英国的L85A1突击步枪，成功列装部队，并改名为G36突击步枪，之后经改进衍生出装有大型四叉型消焰器的G36K突击步枪。

枪托

枪管

弹匣

导气室

握把

枪管
G36K突击步枪的枪管长320毫米，缩短了160毫米，以耐热不易变形的金属管打造而成，连接在膛室。

护木

护木位于枪械前端,用以保护射手免于直接接触发射时可能非常热的枪,护木两侧可以装备战术灯和激光瞄具。

瞄准镜

采用英国激光制品公司的休尔费尔战术灯和激光瞄准镜,普通瞄具为框式表尺,表尺射程 350 米。

科普小课堂

- 研制国家:德国
- 制造厂商:HK 公司
- 口　　径:5.56 毫米
- 枪 管 长:320 毫米
- 弹 容 量:30 发、弹鼓 100 发

枪械杂谈 — 手枪 — 步枪 — 突击步枪 — 机枪 — 冲锋枪 — 霰弹枪 — 狙击枪

F2000 突击步枪

2001年3月，在阿联酋国际防务展示会上，比利时FN公司研制的F2000模块化突击步枪吸引了众多参观者的目光。F2000是唯一一种犊牛式突击步枪，全长只有694毫米，但枪管就占了400毫米，该枪大量使用塑料材质，因此比FAMAS、AUG等突击步枪更轻。F2000自问世后以其完美的设计理念和精巧的模块化组件赢得了轻武器专家的广泛赞誉。

弹匣

枪管

扳机

枪托

摇臂系统
为了便于向前抛壳，空弹壳从弹膛抽出之后被送到在枪管上方运动的抛壳管中，这个动作通过摇臂系统来完成。

保险装置

该装置由活塞杆驱动一个旋转闭锁系统，该闭锁系统强度及可靠性均较高，并能保证火药燃气不进入弹膛区域。

科普小课堂

- **研制国家：** 比利时
- **制造厂商：** FN 公司
- **口　　径：** 5.56 毫米
- **有效射程：** 500 米
- **弹 容 量：** 30 发

电池供电

枪托里面的电池不仅能为火控系统供电，还能为其他战斗附件或系统供电，如红点式目标指示器。

CHAPTER 5

第 五 章

机 枪

加特林机枪

历史上第一支实用化的机枪是由美国人理查·乔登·加特林在1862年设计的，故将其命名为加特林机枪。加特林本来是一名医生，却热衷于工程学，并在1862年美国内战期间研发出了这款手摇多管重机枪。该枪经过改良后射速可达每分钟1000发以上，能让一个士兵就拥有一个连的战斗力。约在1874年，加特林机枪被输入中国，当时它被称为"格林炮"或"格林快炮"。

科普小课堂

- 研制国家：美国
- 研制者：理查·乔登·加特林
- 口径：14.7毫米
- 枪管数量：6~10根
- 射速：每分钟1000发以上

枪管

有6至10根枪管并列安装在一个旋转的圆筒上，每根枪管上都有独立的击针，手摇转柄可使各枪管依次旋转。

弹膛

弹膛是钢制的，它的尾部封闭并装有撞击火帽儿，可以重复使用，枪管旋转时弹膛不动。

枪管
手摇把
支架
车轮

枪托底板

可拆卸的枪托底板，在机枪的枪托内有一条通道，用通过通道的连杆和弹簧将枪托底板与扳机护圈杠杆连接起来。

马克沁重机枪

1883年，英国工程师海勒姆·史蒂文斯·马克沁成功制造出世界上第一挺能够自动连续射击的机枪——马克沁重机枪。该枪是第一种以火药燃气作为能源的自动武器，它的诞生掩盖了加特林手摇式机枪的光环。

科普小课堂

- **研制国家：** 英国
- **研 制 者：** 海勒姆·史蒂文斯·马克沁
- **口　　径：** 7.69 毫米
- **有效射程：** 2000 米
- **枪机类型：** 枪管短行程后坐作用

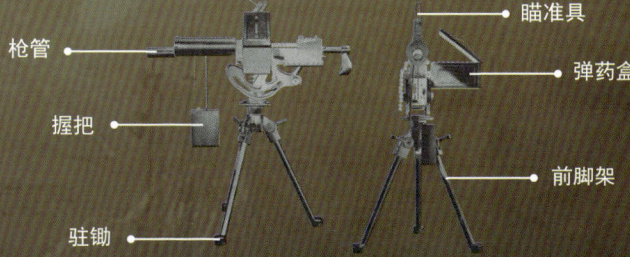

枪管　瞄准具　握把　弹药盒　驻锄　前脚架

帆布子弹带

　　帆布子弹带长 6.4 米，容量 333 发，弹带端还有锁扣装置，可以连接更多子弹带，以便长时间发射。

枪械杂谈 — 手枪 — 步枪 — 突击步枪 — 机枪 — 冲锋枪 — 霰弹枪 — 狙击枪

勃朗宁 12.7 毫米重型机枪

第一批勃朗宁 12.7 毫米重型机枪于 1921 年开始生产，因威力大，被作为辅助火力大量运用在坦克上，而成为坦克的"好伴侣"。勃朗宁 12.7 毫米重型机枪包括多种型号，如 M1921、M2、M2HB 等。其中，M2 型是自机枪问世以来最成功的重型机枪之一。

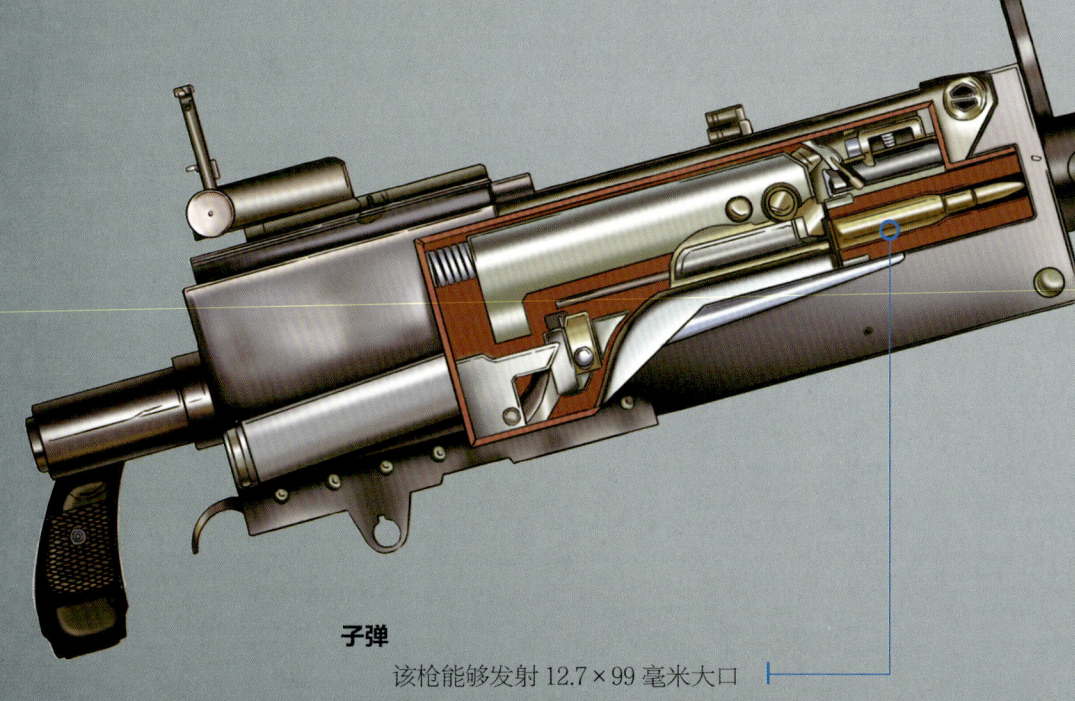

子弹

该枪能够发射 12.7×99 毫米大口径弹药，包括普通弹、穿甲弹、穿甲曳光弹、硬心穿甲弹等。

科普小课堂

- **研制国家:** 美国
- **研 制 者:** 勃朗宁
- **口　　径:** 12.7 毫米
- **有效射程:** 1800 米
- **枪机类型:** 枪管短行程后坐作用

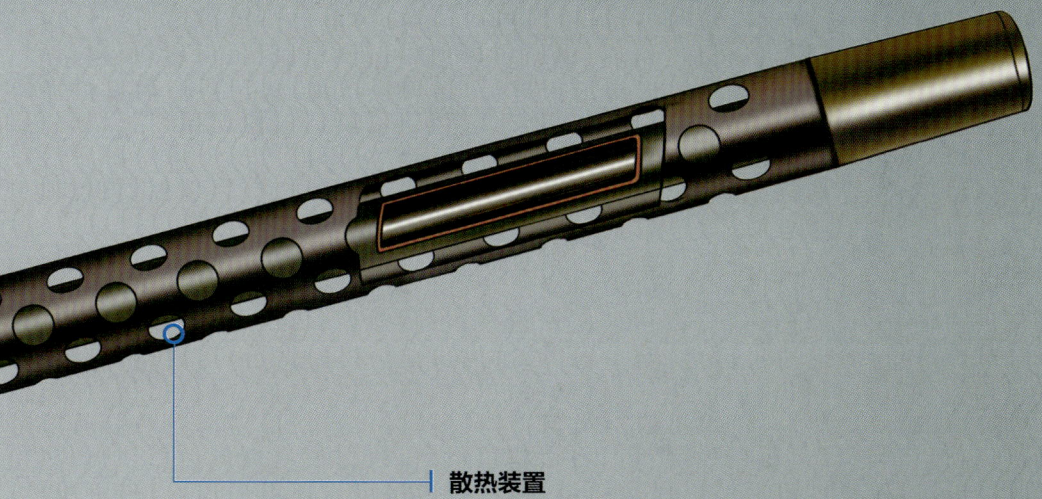

散热装置

勃朗宁 12.7 毫米重型机枪最初采用的是水冷散热装置，后因水冷装置导致枪身笨重，不易携带，于是改成了风冷式散热，大大降低了枪的重量。后期，该枪还配备了一套简单可行的枪管快速更换装置。

ZB26 轻机枪

20 世纪 20 年代，布尔诺兵工厂在捷克军方提出武器本土化的大环境下，于 1926 年研制出一种结构简单、维护方便、射击精确的轻机枪——ZB26 轻机枪。它是在轻机枪的概念尚未成熟的情况下制造出来的。该枪外观的最大特色是弹夹在枪身上方，使得整枪看起来像长角的犀牛。

枪身
枪身重量有 10 千克，大量弹药和备用枪管都由射击副手携带，而两人的机枪组大大提高了实战效率。

弹匣
ZB26 轻机枪的弹匣使用 7.92 毫米的子弹，该子弹有着非常不错的杀伤力。

枪管

ZB26 轻机枪枪管外部有散热片，枪管口装有消焰器，枪管上靠近枪中部有提把，方便携行与快速更换枪管。

弹匣

提手

准星

枪托　握把

支架

科普小课堂

- **研制国家：** 捷克
- **制造厂商：** 捷克斯洛伐克布尔诺国营兵工厂
- **口　　径：** 7.92 毫米
- **有效射程：** 1000 米
- **弹 容 量：** 20 发、30 发

枪械杂谈 — 手枪 — 步枪 — 突击步枪 — 机枪 — 冲锋枪 — 霰弹枪 — 狙击枪

133

刘易斯 1 型机枪

刘易斯 1 型机枪是美国公司在刘易斯 MK1 机枪的基础上改进而来的，不过，有趣的是，该枪的设计师刘易斯在最开始向美国推销自己研发的刘易斯 MK1 机枪时，美军丝毫不感兴趣。最初接受并生产刘易斯 MK1 机枪的是比利时，后被英国陆军广泛使用，成为专门为英国军队生产的机枪，因其重量轻、性能好，受到了前线士兵的欢迎。当这种枪在欧洲大批量投入生产后，美国也意识到了该枪的潜在价值，最终改进并生产了刘易斯 1 型机枪。

弹匣

刘易斯 1 型机枪采用鼓式弹匣，安装在枪身的上方，一次可装 47 发子弹。开火时，弹匣的轴承转动起来，顺利地将子弹推入枪膛，这是该枪与众不同的地方。

科普小课堂

- **研制国家：** 英国
- **制造厂商：** 伯明翰轻武器有限公司等
- **口　　径：** 7.7 毫米
- **有效射程：** 800 米
- **弹 容 量：** 47 发、97 发

空气冷却套管

刘易斯 1 型机枪外观上的最大特征是，枪管外包裹着一个粗大的空气冷却套管，当射击时，冷空气被吸入筒中为枪管散热，不过这一装置因为效果并不好而显得有点多余。

维克斯 MK1 型机枪

维克斯 MK1 型机枪是一种中型机枪，是在马克沁重机枪的基础上加以改进而来的，于 1912 年 11 月正式装备英国陆军，直到 1968 年才退役。它发射口径 7.7 毫米的子弹，能持续不断地进行发射，火力猛烈，雨点般密集的子弹攻击让其成为战场上的"王者"，被许多权威武器专家认为是第一次世界大战期间最优秀的机枪之一。

重型三脚架

维克斯 MK1 型机枪要固定在重型三脚架上进行射击，三脚架坚固结实，可适应各种地面进行持续射击。

冷凝系统

　　这种机枪的冷却水槽最初的补水方式是从上面往内添水,后来,该枪配备了一个外部的冷凝罐,将冷凝罐和冷却水槽用一个软管相连,类似于汽车的散热系统,这样就不用频繁地为机枪加水了,射击效率提高了很多。

科普小课堂

- 研制国家:英国
- 研 制 者:维克斯
- 口　　径:7.7 毫米
- 有效射程:1500 米
- 弹 容 量:250 发

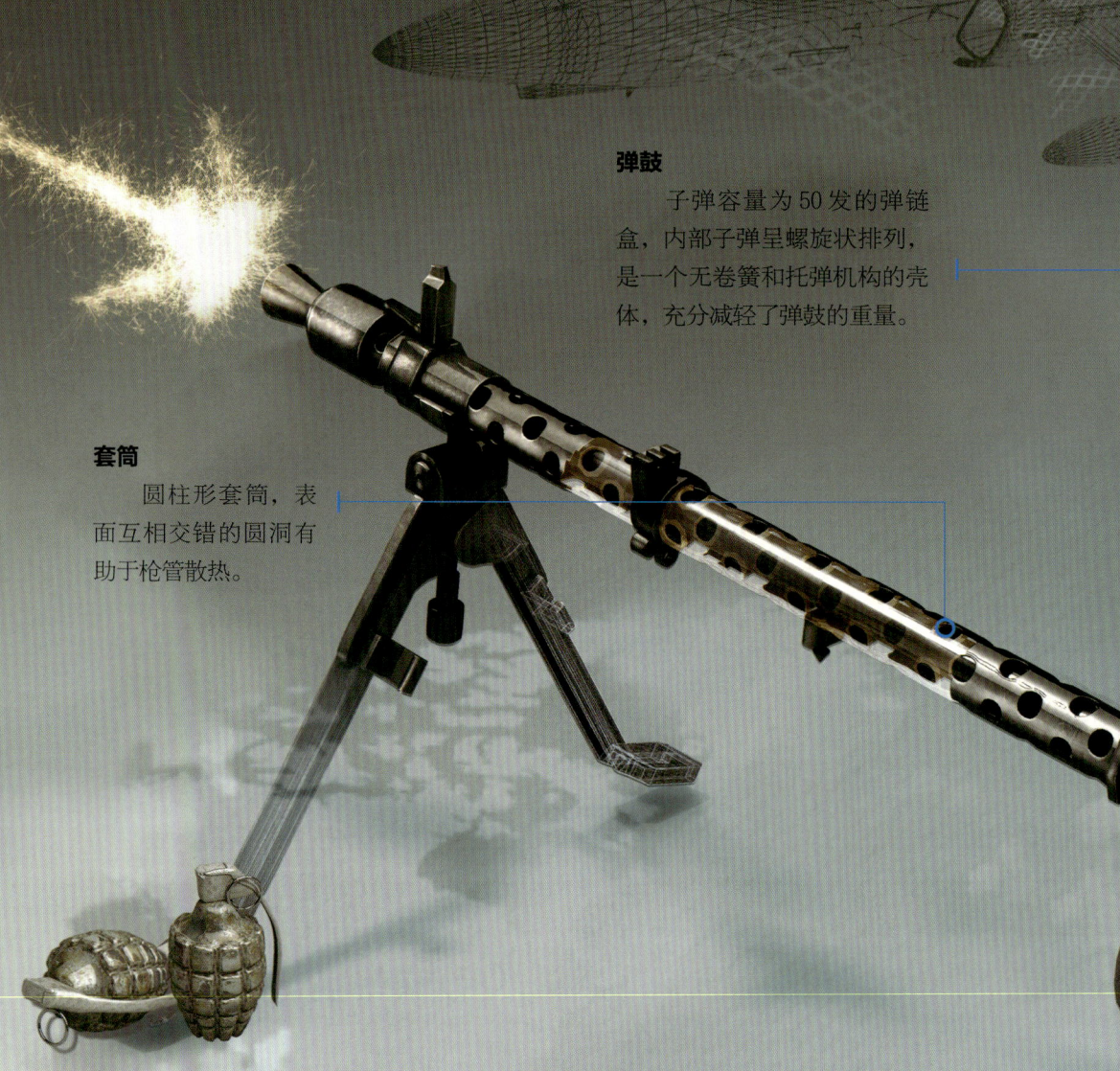

弹鼓

子弹容量为50发的弹链盒，内部子弹呈螺旋状排列，是一个无卷簧和托弹机构的壳体，充分减轻了弹鼓的重量。

套筒

圆柱形套筒，表面互相交错的圆洞有助于枪管散热。

MG34 通用机枪

德国毛瑟公司的海因里希·沃尔默在莱茵金属推出的MG30机枪的基础上，将原有的弹匣供弹改为弹链供弹，加入枪管套且提高射速到每分钟800~900发。使其成为在两脚架上可做轻机枪，三脚架上可做重机枪的通用机枪鼻祖。

扳机

设计独特的双半圆形扳机，上半圆的"E"字是半自动模式，下半圆的"D"字是设有按压式保险的全自动模式。

科普小课堂

- 研制国家：德国
- 制造厂商：毛瑟公司等
- 口　　径：7.62 毫米
- 有效射程：800 米
- 弹 容 量：50 发、75 发、250 发

复进簧

可以阻缓枪栓向后移动，并利用弹簧力的平稳往复运动，使枪机复进，完成击发、抛壳等一系列动作。

M60 通用机枪

"二战"后,美国在战场上缴获了不少德军武器,其中有 FG42 伞兵步枪、MG42 通用机枪这两种赫赫有名的枪支。春田兵工厂参照这两种枪的内部构造汲取经验,经过多次改进,研发了具有重量小、精度高等特点的 M60 通用机枪,并于 1957 年正式定型投产。M60 通用机枪是世界上最著名的机枪之一,据不完全统计,M60 通用机枪至今已经生产了 25 万多挺,数量还在与日俱增。

枪管
首次采用了钨铬钴合金材料的衬套式结构,长 152.4 毫米,大大提高了枪管抗烧蚀性能。

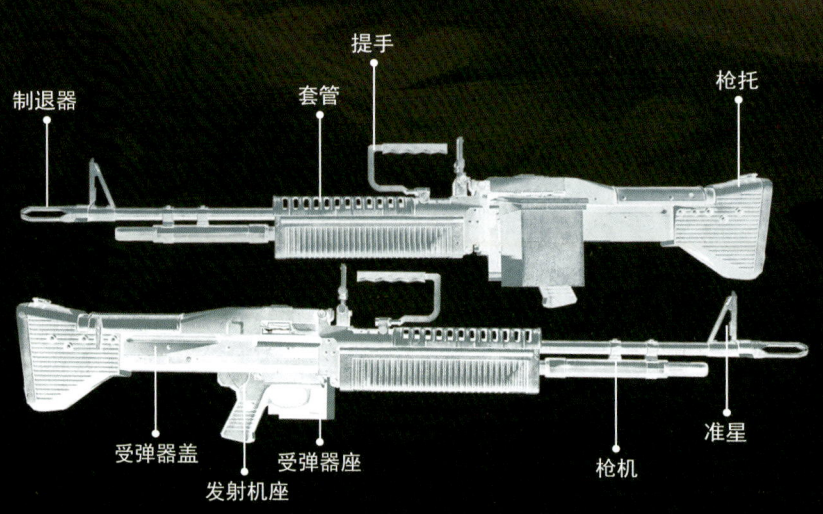

制退器　套管　提手　枪托

受弹器盖　受弹器座　枪机　准星
发射机座

消焰器

消焰器与脚架座相接,形状为柱形,口部略向内收缩,四周有条状缺口。

科普小课堂

- **研制国家：** 美国
- **制造厂商：** 萨科防务公司等
- **口　　径：** 7.62毫米
- **有效射程：** 1100米
- **弹 容 量：** 50发、100发、200发

瞄具

片状固定式准星,立框式标尺,"U"形缺口照门安装在立框式标尺上且可调整其高低和方向。

MG42 通用机枪

"二战"时德国金属冲压专家格鲁诺夫博士对MG34进行了多项重要的研发改进之后MG42便诞生了。MG42最大的特点就是射速极快，可达到每分钟1200发，而且适应性强，无论在长满低矮灌木丛林的诺曼底，又或是烈日炎炎的沙漠之国北非，MG42都是盟军士兵的噩梦！

扳机
只要扣下扳机就是一批子弹被发射，即使是有经验的射手扣一下扳机也会有3~5发子弹飞奔而出。

枪托
保留放置左手的空间，射手右肩抵住枪托底之后，左手可以压住枪托，防止枪托在射击时因为反冲作用而滑脱肩窝。

套筒

与 MG34 的圆形截面不同的是，MG42 套筒为矩形截面，表面有一些散热孔，右侧有一个长方形开槽用于拆卸枪管。

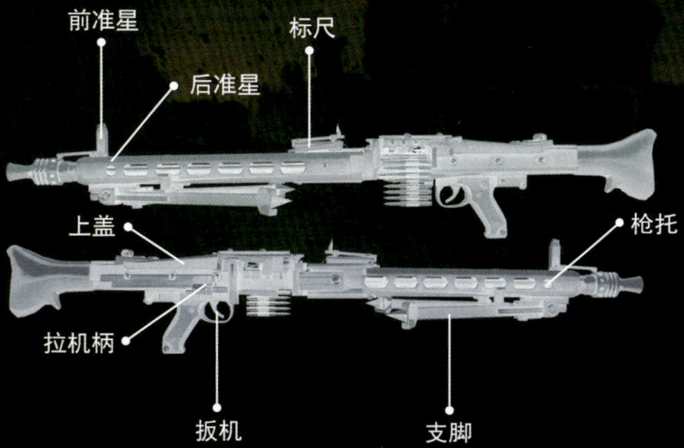

- 前准星
- 后准星
- 标尺
- 上盖
- 枪托
- 拉机柄
- 扳机
- 支脚

科普小课堂

- **研制国家：** 德国
- **研 制 者：** 格鲁诺夫
- **口　　径：** 7.92 毫米
- **枪机类型：** 枪管短行程后坐作用
- **弹 容 量：** 50 发或 300 发弹链

枪械杂谈 — 手枪 — 步枪 — 突击步枪 — 机枪 — 冲锋枪 — 霰弹枪 — 狙击枪

枪管

六根枪管在每转一圈的过程中只需轮流击发一次,因此无论是产生的温度或造成的磨蚀,都能限制在最低范围内。

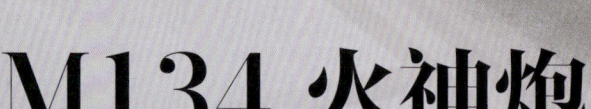

M134 火神炮

"二战"时立下赫赫战功的勃朗宁重机枪的低射速在空战中已显得力不从心。通用电气公司于1959年在研制的M61A1火神炮的基础上开发出了M134火神炮。M134火神炮采用加特林机枪原理,虽然高速旋转的枪管会因离心力的作用导致射击散布增大,但射速高、火力强能弥补精度的不足,反而使M134火神炮成为一种具有强大杀伤力的武器。

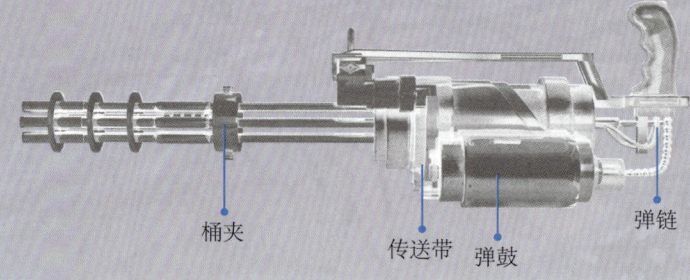

桶夹　　传送带　弹鼓　　弹链

科普小课堂

- **研制国家：** 美国
- **制造厂商：** 通用电气公司
- **口　　径：** 7.62 毫米
- **最大射程：** 1000 米
- **供弹方式：** 弹链供弹

握把

在总电源开关闭合后，按动握把上的击发按钮，电流通过电机转动枪管，完成击发。

电池盒

M134 火神炮采用电池供电，电池盒内 28 伏直流电源为机枪提供了动能，这一技术的采用有效地避免了卡弹现象的出现。

枪械杂谈 — 手枪 — 步枪 — 突击步枪 — 机枪 — 冲锋枪 — 霰弹枪 — 狙击枪

145

SG-43 重机枪

枪械大师郭留诺夫于 1943 年成功研制出一款主要用来杀伤集结目标或对付低空飞行目标的重机枪，取代了马克沁 M1910 水冷式机枪，成为火力补充武器。"二战"将要结束时，苏军又将 SG-43 重机枪改进成 SGM 重机枪。

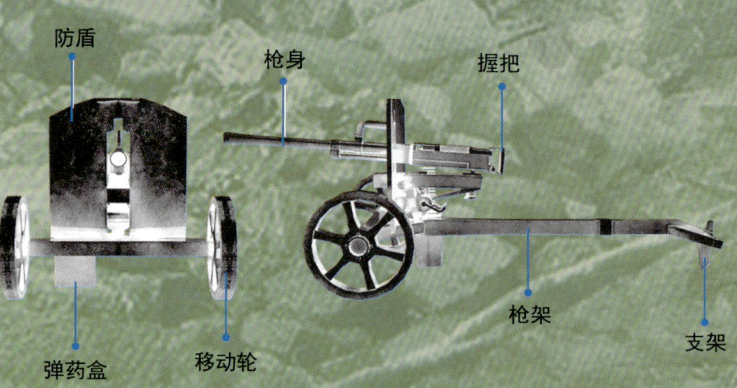

击铁

枪机框上击铁起到类似手枪"击锤"作用,击铁利用复进簧能量撞击击针来击发枪弹,但击针不带击针簧。

锥形钉架

轮式枪架尾部有一个锥形的尖锐支架,能够嵌进土里或者固定在地面上,在射击时可以固定车体,有助于平衡瞄准。

科普小课堂

- **研制国家:** 苏联
- **研 制 者:** 郭留诺夫
- **口　　径:** 7.62 毫米
- **有效射程:** 1500 米
- **弹 容 量:** 250 发

车轮

因为有轮架辅助射击,在战地中优势明显,左右两个轮子可以实现机枪的转向功能,对机枪有支撑和辅助射击作用。

M249 班用机枪

20 世纪 60 年代,美军希望开发一种比 M60 通用机枪更轻、比 M16 步枪具有更猛火力的机枪。1970 年,比利时的 FN 公司设计出一款 5.56 毫米小口径机枪。该枪经过多年的改进,于 1982 年被美军正式定名为 M249 班用机枪。

瞄具
可调风偏和高度的半固定有防护罩的立柱形准星,觇孔式照门。

提把
提把可以折叠,这样设计减少了伞兵服经常被固定提把钩住的现象。

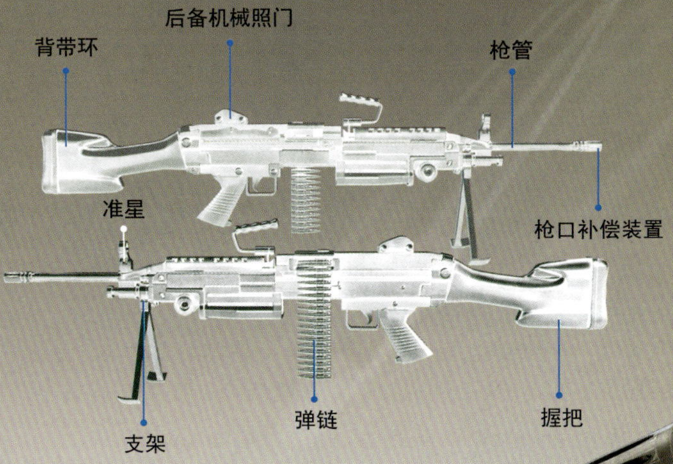

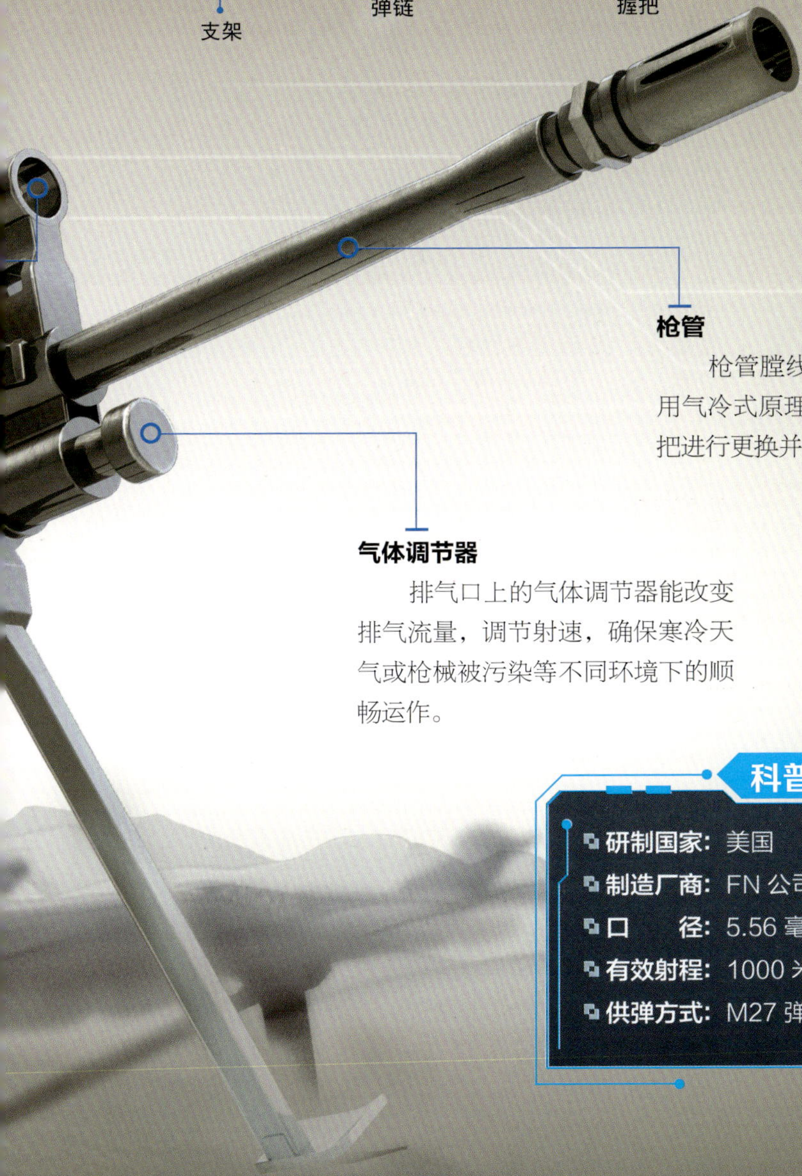

背带环
后备机械照门
枪管
准星
枪口补偿装置
支架
弹链
握把

枪管

枪管膛线缠距为 180 毫米，采用气冷式原理，枪管可通过枪管提把进行更换并由凸轮自动校正定位。

气体调节器

排气口上的气体调节器能改变排气流量，调节射速，确保寒冷天气或枪械被污染等不同环境下的顺畅运作。

科普小课堂

- 研制国家：美国
- 制造厂商：FN 公司
- 口　　径：5.56 毫米
- 有效射程：1000 米
- 供弹方式：M27 弹链

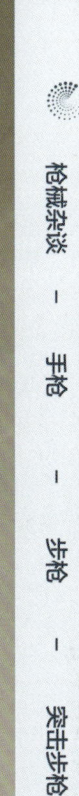

枪械杂谈 — 手枪 — 步枪 — 突击步枪 — 机枪 — 冲锋枪 — 霰弹枪 — 狙击枪

CHAPTER 6

第 六 章

冲锋枪

MP18 冲锋枪

第一次世界大战期间，为了配合突破堑壕的突击战术，需要近距离火力猛烈而又轻便可靠的单兵武器，而当时机枪太重，不适合单兵携带。于是在 1918 年德国生产了由著名武器设计师施曼塞尔设计的世界上第一支真正实用的冲锋枪，该枪采用自由枪机式原理，为能有效散热采用开膛待击设计。MP18 冲锋枪被德军突击队的士兵称为"子弹喷射器"。

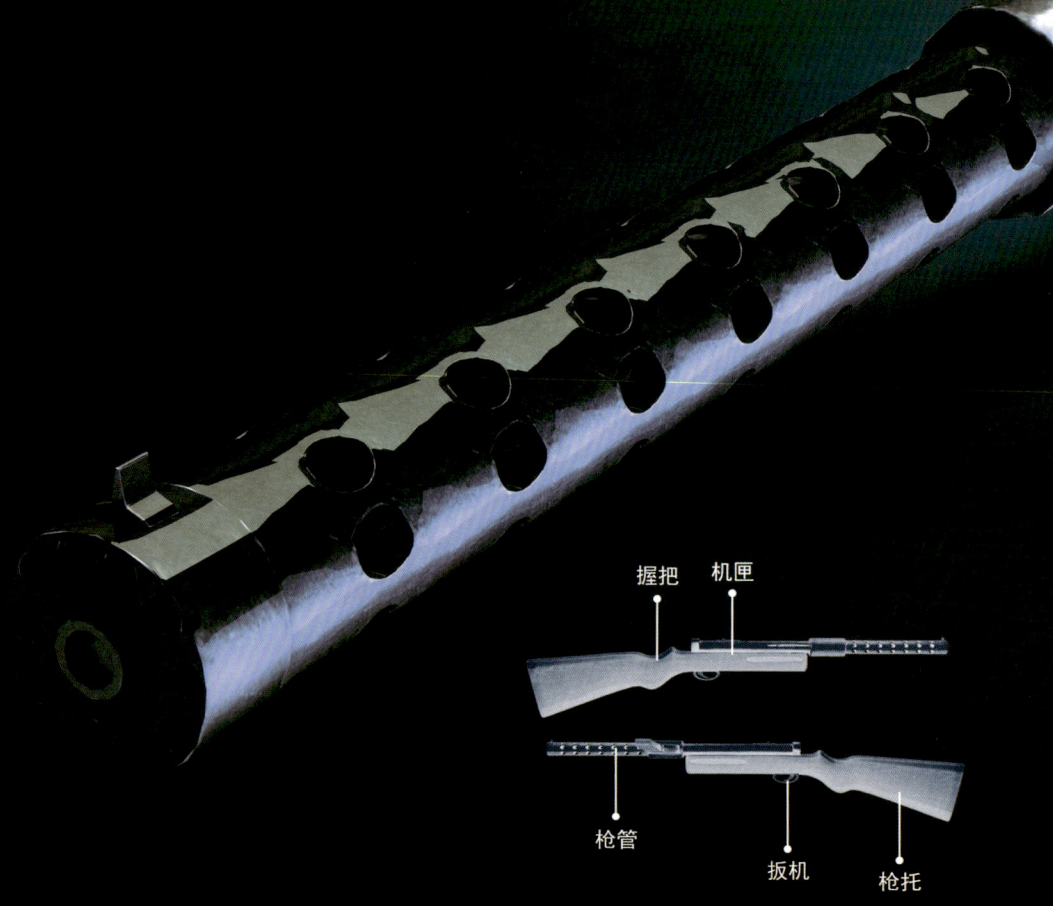

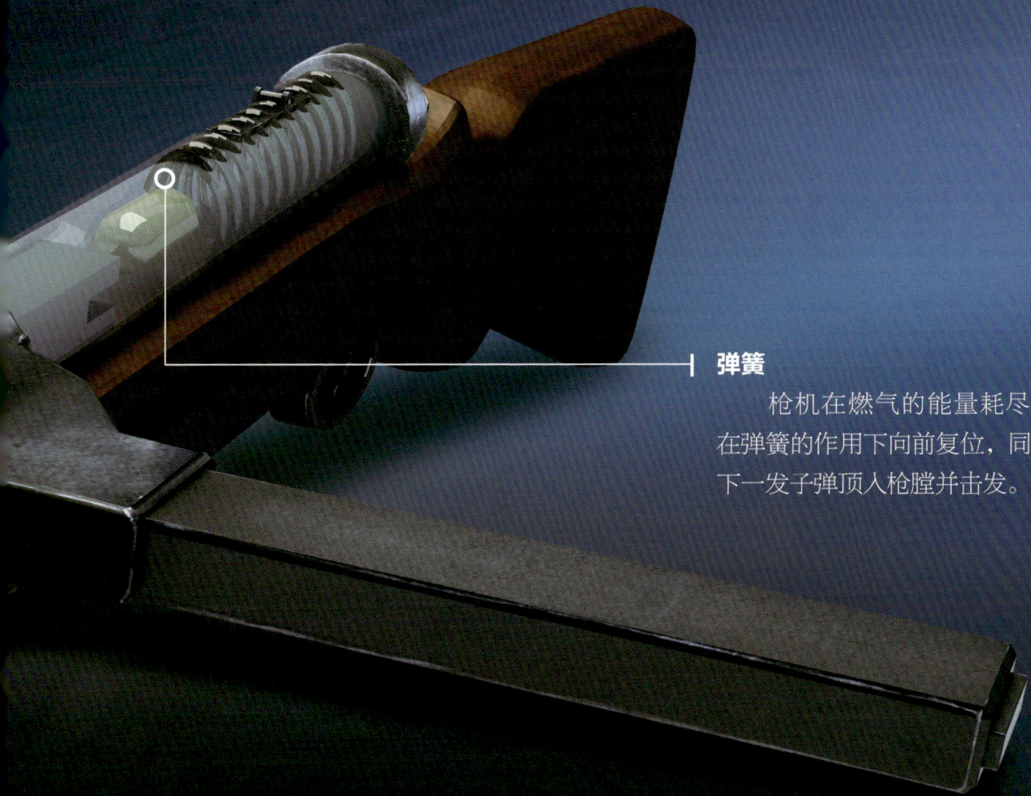

弹簧

枪机在燃气的能量耗尽后,在弹簧的作用下向前复位,同时将下一发子弹顶入枪膛并击发。

科普小课堂

- **研制国家:** 德国
- **制造厂商:** 伯格曼兵工厂
- **口　　径:** 9毫米
- **枪机类型:** 自由枪机
- **供弹方式:** 直型弹匣、蜗牛型弹鼓

汤普森冲锋枪

"一战"爆发后,美国汤普森将军的设计小组针对勃朗宁自动步枪在堑壕和铁丝网间的作战性能很弱的特点,转而采用自由枪机结构设计并装备 11.43 毫米直弹筒的大威力手枪弹,为了与使用步枪弹药的机枪区别开来,便将此枪更名为汤普森冲锋枪。

护木
采用护木设计,不仅减轻了机枪重量,同时也可更好地保护延迟闭锁活塞。

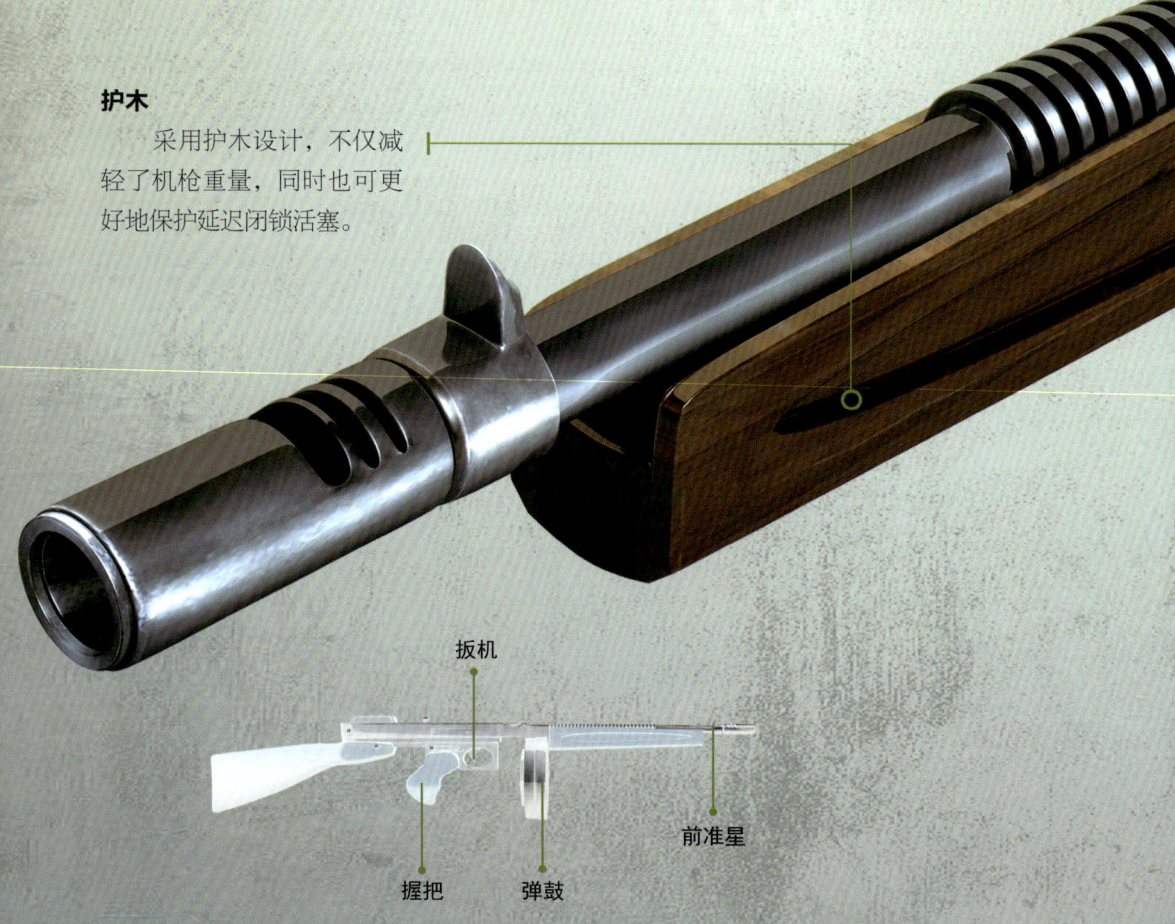

扳机

前准星

握把　弹鼓

枪管

环形钢圈为散热槽，下面为护木。

瞄具

各种汤普森冲锋枪均采用机械瞄具，准星为片状，但 M1928A1 采用带觇孔照门的翻转式表尺，M1 和 M1A1 则采用带觇孔照门的固定式表尺。

科普小课堂

- **研制国家：** 美国
- **制造厂商：** 柯尔特公司
- **口　　径：** 11.43 毫米
- **枪机类型：** 自由枪机
- **供弹方式：** 20 发、30 发、弹鼓 50 发、弹鼓 100 发

汤普森 M1 冲锋枪

汤普森 M1 冲锋枪是在汤普森 M1928 的基础上改进而成的,于 1942 年定型,它是美军装备中首支制式冲锋枪。该枪主要用于在残酷的堑壕战中进行近距离攻击,因此对威力和射程要求不是很高。它的设计非常简单,但枪身的重量却不轻,会给行军造成一定的负担,但因其坚固可靠,依然深受士兵们的欢迎。

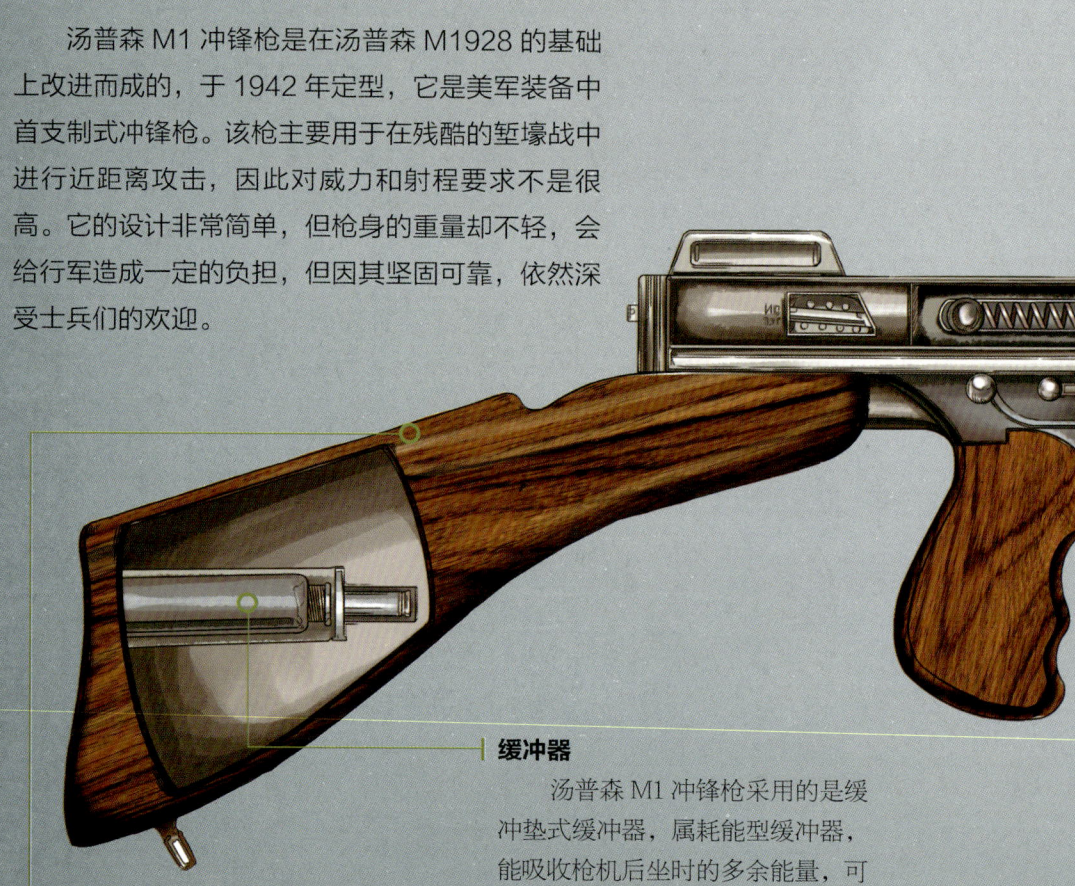

缓冲器

汤普森 M1 冲锋枪采用的是缓冲垫式缓冲器,属耗能型缓冲器,能吸收枪机后坐时的多余能量,可在一定程度上减少后坐力。

枪托

汤普森 M1 冲锋枪的枪托上有两颗螺丝钉,将其拧下,就可以轻松地把枪托拆卸下来。不过一般情况下,人们很少将它的枪托拆卸下来,因为在射击时,枪托可以帮助人们瞄准,减少射击误差。

科普小课堂

- **研制国家：** 美国
- **制造厂商：** 柯尔特公司等
- **口　　径：** 11.43 毫米
- **枪机类型：** 自由枪机
- **供弹方式：** 20 发、30 发

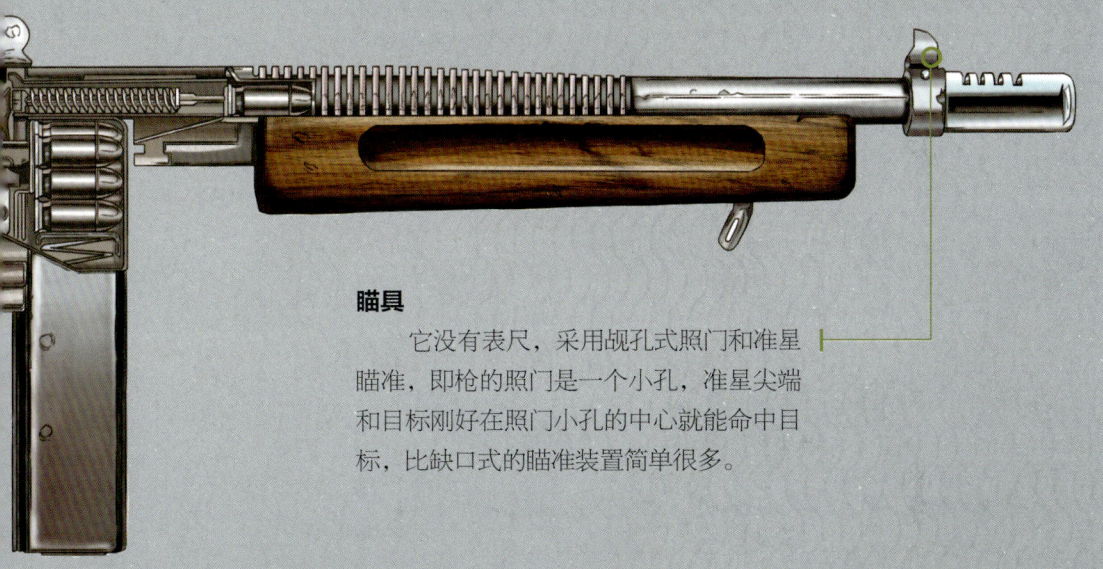

瞄具

　　它没有表尺，采用觇孔式照门和准星瞄准，即枪的照门是一个小孔，准星尖端和目标刚好在照门小孔的中心就能命中目标，比缺口式的瞄准装置简单很多。

MP40 冲锋枪

在战争期间,简化生产工艺以及降低生产成本一直是军方考虑的主要问题,"二战"中被广泛使用的 MP38 依然无法满足德军的要求。于是改良自 MP38 冲锋枪,使用 9 毫米口径手枪弹,由直型的 32 发弹匣供弹的 MP40 冲锋枪在这样严苛的条件下被研发生产,于 1938 年被正式装备部队。

枪管座

枪管座为钩状,可在装甲车的射孔向外射击时钩住车体,避免因后坐力或者车辆颠簸使枪管退回到车体内。

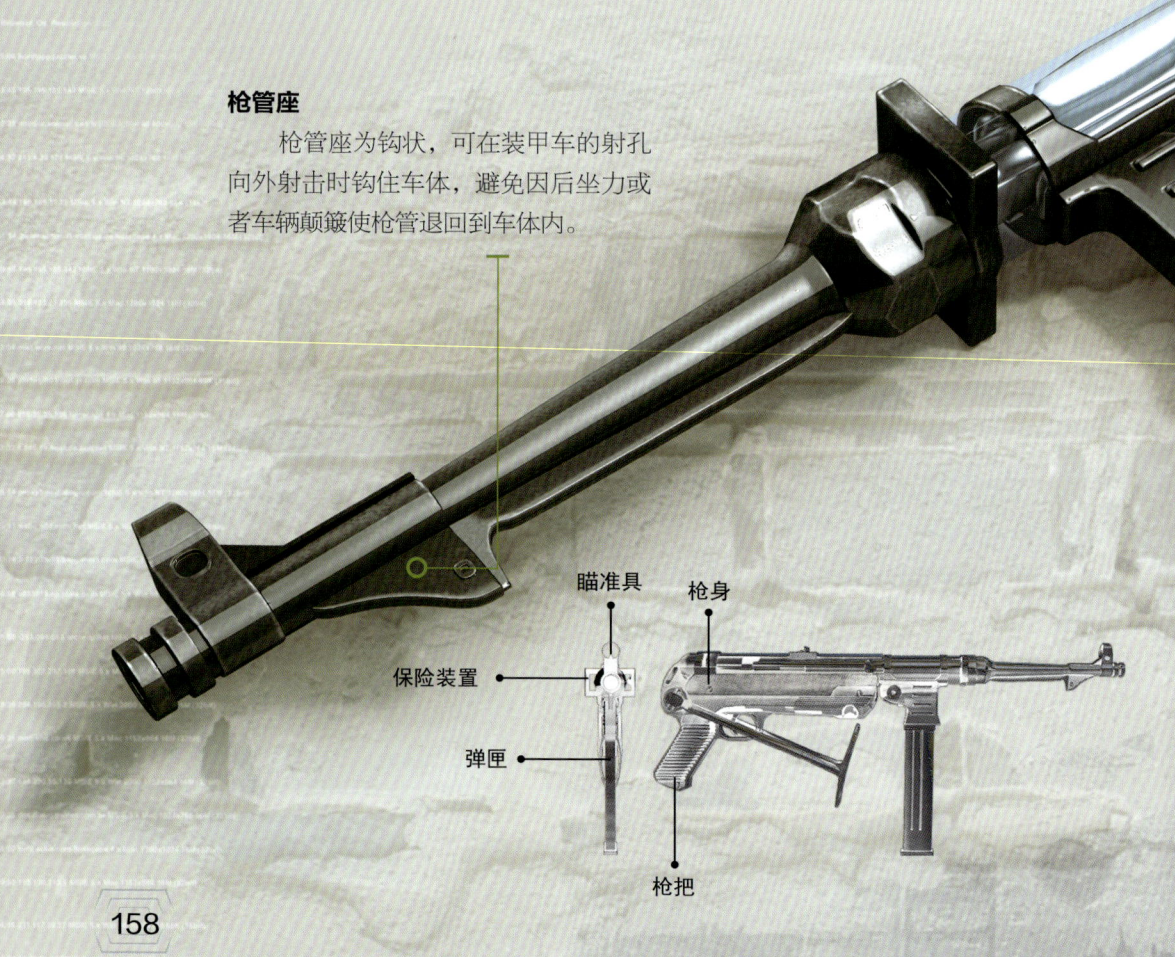

保险装置

将 MP38 冲锋枪的单体拉机柄改为双体拉机柄，并在机匣机柄槽的前端增设一个缺口，使枪机能挂在前方位置，从而增强了保险作用。

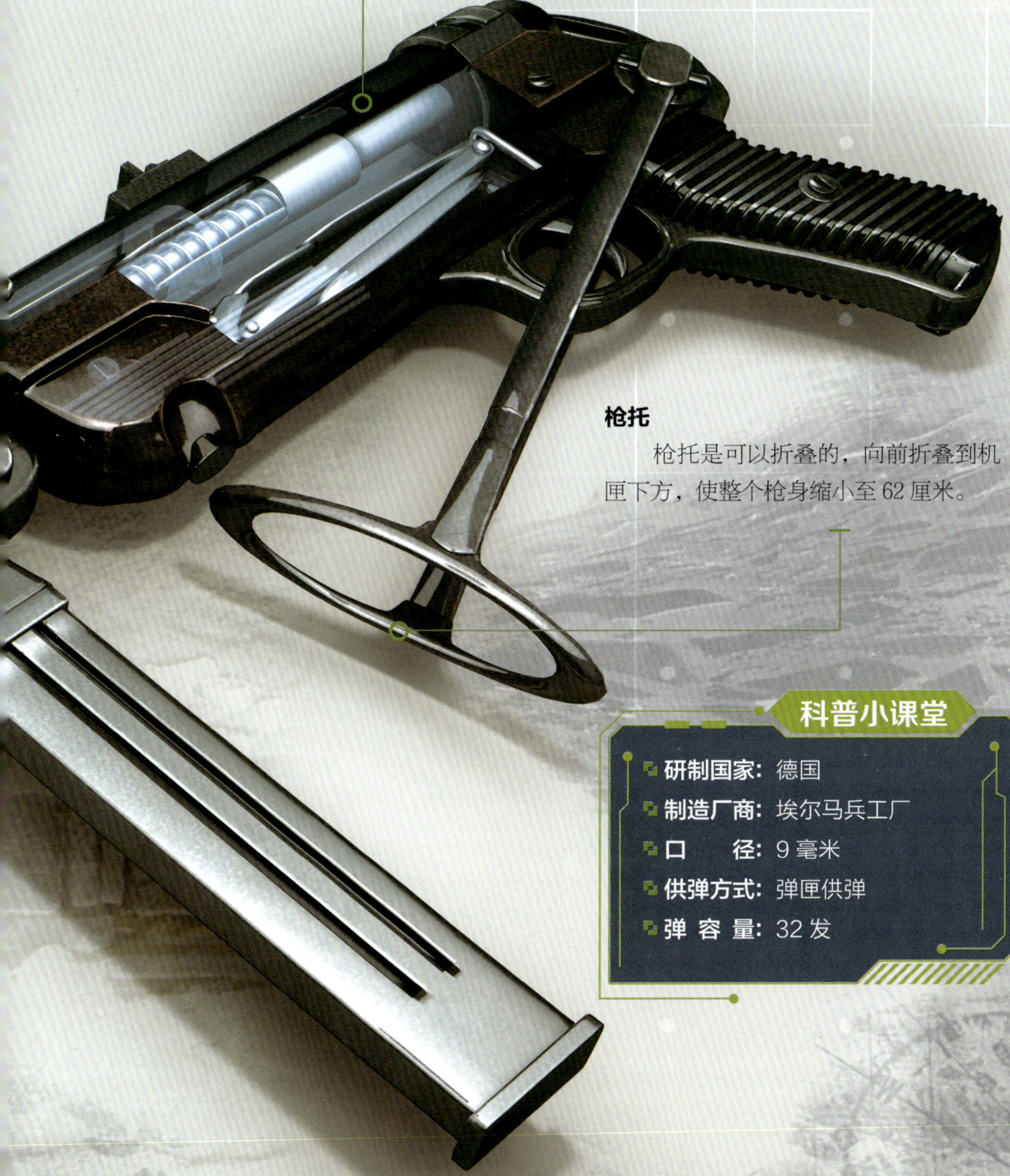

枪托

枪托是可以折叠的，向前折叠到机匣下方，使整个枪身缩小至 62 厘米。

科普小课堂

- **研制国家：** 德国
- **制造厂商：** 埃尔马兵工厂
- **口　　径：** 9 毫米
- **供弹方式：** 弹匣供弹
- **弹 容 量：** 32 发

防尘盖

防尘盖为手动式结构,防尘盖内侧的突起有固定枪机的保险作用。

接套

枪管是通过接套固定在机匣前端的,接套外周刻有防滑纹路,在没有专用工具的情况下可直接用手转动接套,从而卸下枪管。

M3 冲锋枪

1941年美军兵器委员会迫于德国MP40冲锋枪和英国斯登冲锋枪的压力,提出对新型冲锋枪的要求,要求采用全金属枪身,可在只转换少数零件后使用".45口径"的自动手枪子弹或是9毫米鲁格弹,由此开发出新型冲锋枪M3冲锋枪。由于M3冲锋枪的外形像是替汽车打润滑油的润滑油枪,俗称"黄油枪"。M3冲锋枪采用冲压件和焊接工艺,刚投入实战后,便得到了美军士兵们的青睐。

科普小课堂

- 研制国家：美国
- 制造厂商：通用汽车公司
- 口　　径：11.43 毫米
- 有效射程：200 米
- 弹 容 量：30 发

乌兹冲锋枪

1948年第一次中东战争结束后,对于以色列的士兵来说,曾经操作来自各个国家的复杂机枪犹如噩梦。以色列军人里约特纳特·乌兹·盖尔参照当时最优秀冲锋枪的设计结构、操作性能、成本预算以及考量中东地区的沙漠环境,成功设计出这款乌兹冲锋枪。

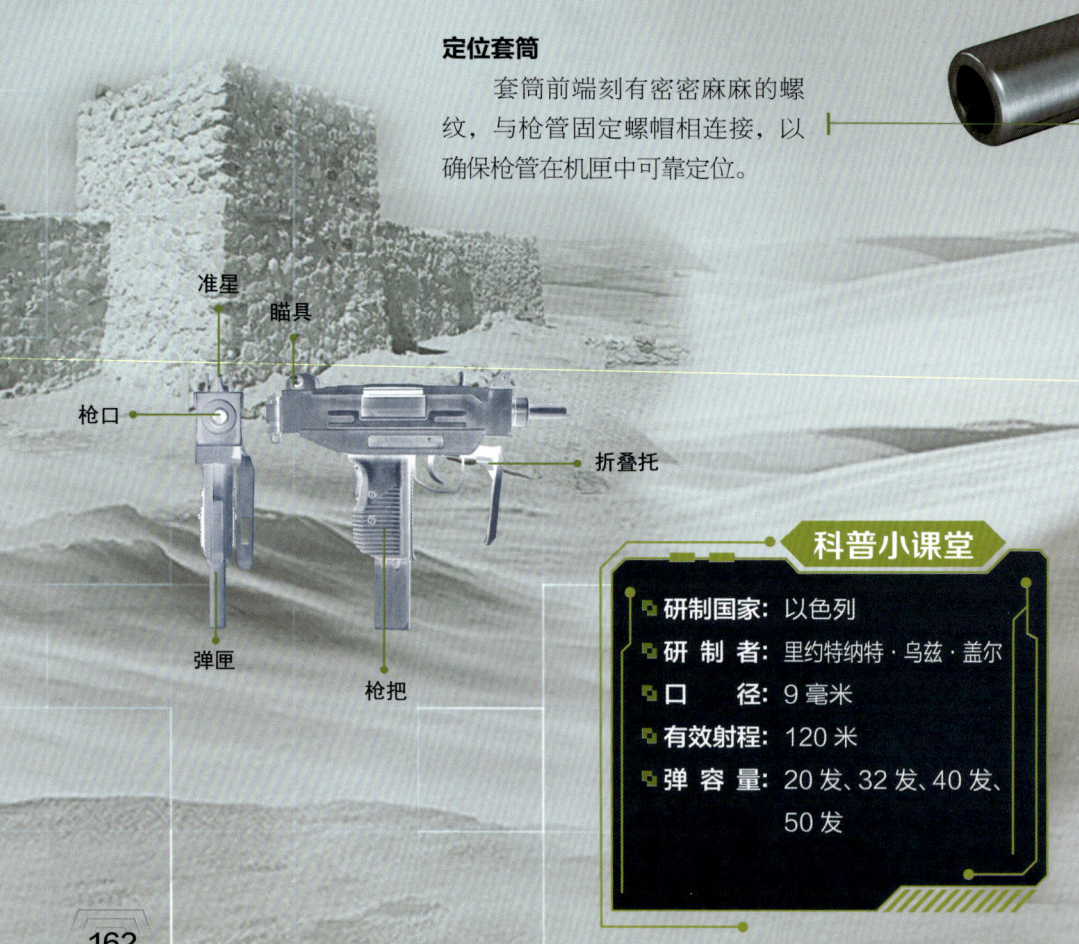

定位套筒
套筒前端刻有密密麻麻的螺纹,与枪管固定螺帽相连接,以确保枪管在机匣中可靠定位。

准星
瞄具
枪口
折叠托
弹匣
枪把

科普小课堂

- **研制国家:** 以色列
- **研 制 者:** 里约特纳特·乌兹·盖尔
- **口　　径:** 9毫米
- **有效射程:** 120米
- **弹容量:** 20发、32发、40发、50发

扳机

当快慢机处于保险位置时，快慢机连杆前臂正好作用在扳机下方，使其不能够转动，从而不能击发。

握把式弹匣

将弹匣直接作为握把，弹匣的卡榫就在握把左下方，非常方便更换弹匣，利于保持持续火力。

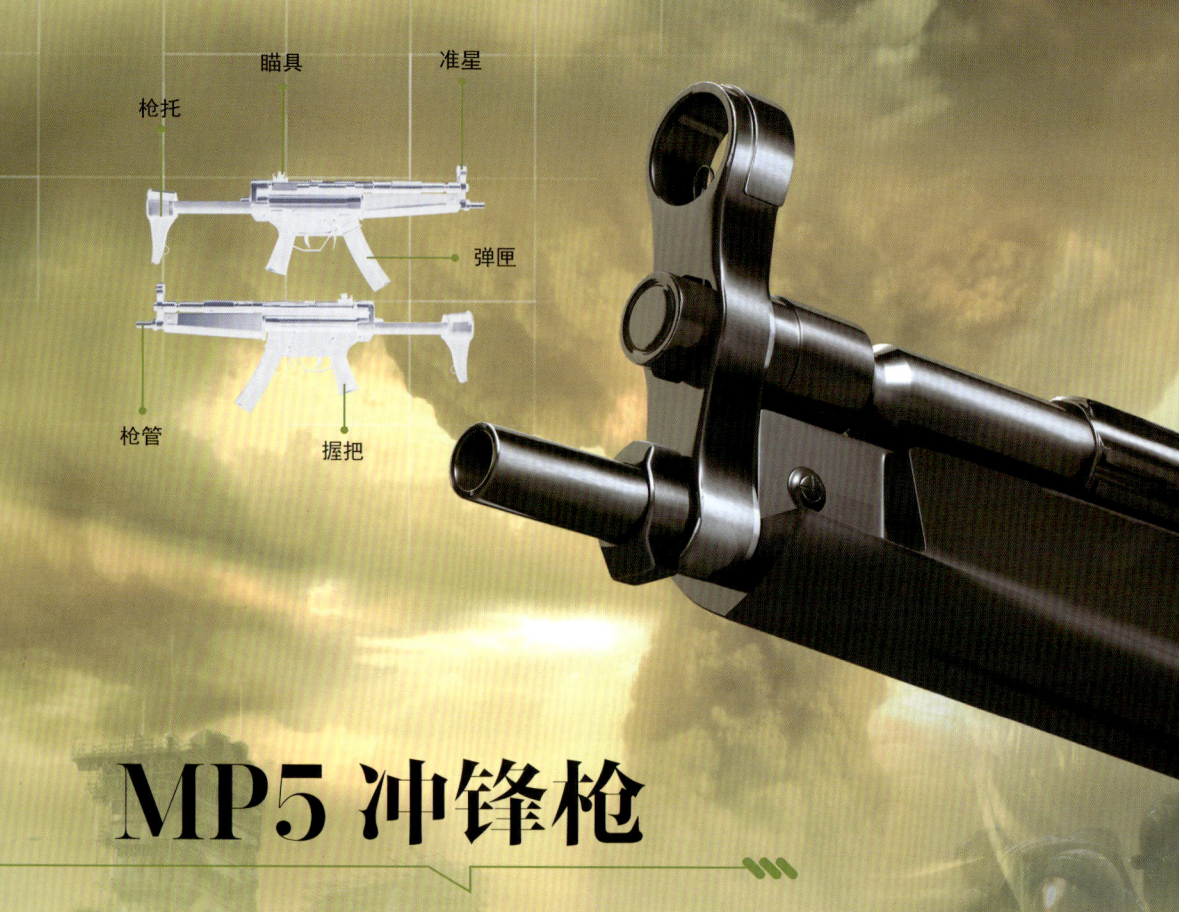

MP5 冲锋枪

　　德国军械厂黑克勒-科赫公司的几名设计师以 G3 步枪为基础,设计了一种采用半自由枪机和滚柱闭锁系统的冲锋枪,1966 年正式命名为 MP5 冲锋枪。MP5 冲锋枪在推出后迅速成为多国军队、警队及保安部队的制式冲锋枪,之后以此枪为基础开发出的新版本达 120 种之多。

科普小课堂

- 研制国家：德国
- 制造厂商：HK 公司
- 口　　径：9 毫米
- 有效射程：200 米
- 弹 容 量：15 发、30 发、弹鼓 100 发

子弹

　　MP5 冲锋枪使用的 9x19 毫米手枪弹后面呈圆柱形，前段呈圆锥形，威力比较小，所以没有采用 G3 步枪的爪式防反跳装置。

弹匣

　　MP5A3 最初使用的是直形弹匣，不过直形弹匣适用于弹壳锥度较小且容弹量不多的武器，此外，直形弹匣内的枪弹排列不紧密，且运动一致性不佳，故此，1977 年 MP5A3 改用弧形弹匣。但弧形弹匣也不是完美的，在实际运用中存在尺寸较大、携带、运输和战斗中取用都不方便的问题。

MP5A3 冲锋枪

　　德国 MP5 冲锋枪于 1966 年被德国警备队首次试用，随后被瑞士等 50 个国家的军、警部队所采用，成为 20 世纪 70 年代警卫们与恐怖分子对抗的有力武器。它是火力猛烈的全自动武器，身形较小，可以像半自动手枪那样隐藏在衣服下，被携带着出入公共场所而不引人注目。经过改进，该枪出现了多种款型，如 MP5A3、MP5A4 等。

科普小课堂

- 研制国家：德国
- 制造厂商：HK 公司
- 口　　径：9 毫米
- 有效射程：200 米
- 弹 容 量：30 发

枪托

MP5A3 冲锋枪采用抽拉伸缩式枪托，可调节枪身长短，从而利于隐藏式携带，这是该枪的一大设计亮点。

瞄具
由固定式片状准星和觇孔照门表尺组成,表尺射程为 100 米。

枪管
枪管前端加工有螺纹,以便拧装消声器。

科普小课堂

- **研制国家：** 美国
- **研 制 者：** 戈登·英格拉姆
- **口　　径：** 9毫米和11.43毫米
- **表尺射程：** 100米
- **弹 容 量：** 32发、30发

金属枪托

伸缩式金属枪托可在不用时缩回机匣，抵肩可向上叠到机匣后端，枪托拉出后可用卡榫将其固定。

MAC10 冲锋枪

1969年，美国军用武器装备公司生产了一款新型冲锋枪，拥有结构简单、成本低、易制造和易维修的优势，使其迅速跻身现代名枪行列，该枪便是英格拉姆 MAC10 冲锋枪，后来它被装备美国、英国、玻利维亚、哥伦比亚等多国的警察和特种部队。

弹匣

此枪有两种口径，11.43毫米口径采用美国 M3 式冲锋枪的弹匣，9毫米口径采用德国瓦尔特冲锋枪的楔形弹匣。

伯莱塔 M12S 冲锋枪

意大利的皮埃特罗·伯莱塔有限公司是世界上最古老的枪械公司之一，16世纪后就开始生产轻武器。20世纪末，在世界上许多轻武器生产商都步履维艰时，伯莱塔公司依然坚持改进新工艺、开发新产品。伯莱塔 M12S 冲锋枪就是在这样的背景下诞生的。它的全部枪身共由84个零件组成，短小精悍，结构合理，刚一推出便迅速成为意大利军队的制式武器。

科普小课堂

- 研制国家：意大利
- 制造厂商：伯莱塔公司
- 口　　径：9毫米
- 有效射程：200米
- 弹 容 量：32发

瞄具

机匣尾部安装一个"L"形翻转式标尺，有两个射程分别装定为100米和200米的觇孔，准星和照门都有护翼保护。

枪托
　　M12S 冲锋枪采用包络式枪机和可折叠枪托，这样的设计使整体尺寸紧凑，便于携带和隐藏。

弹匣
　　M12S 冲锋枪采用 32 发弹匣，弹道稳定，射击子弹密集，非常适合突袭战斗。

PPSh-41 冲锋枪

PPSh-41 冲锋枪又名"波波莎"冲锋枪,由苏联著名轻武器设计师斯帕金设计,并于 1942 年正式大规模装备苏联红军。该枪在第二次世界大战中屡建奇功,是二战中苏联红军最优秀的武器之一。

弹匣

为了提高容弹量,PPSh-41 冲锋枪大多采用圆鼓式弹匣,一次可装 35 发或 71 发子弹,容弹量是盒式弹匣的好几倍。

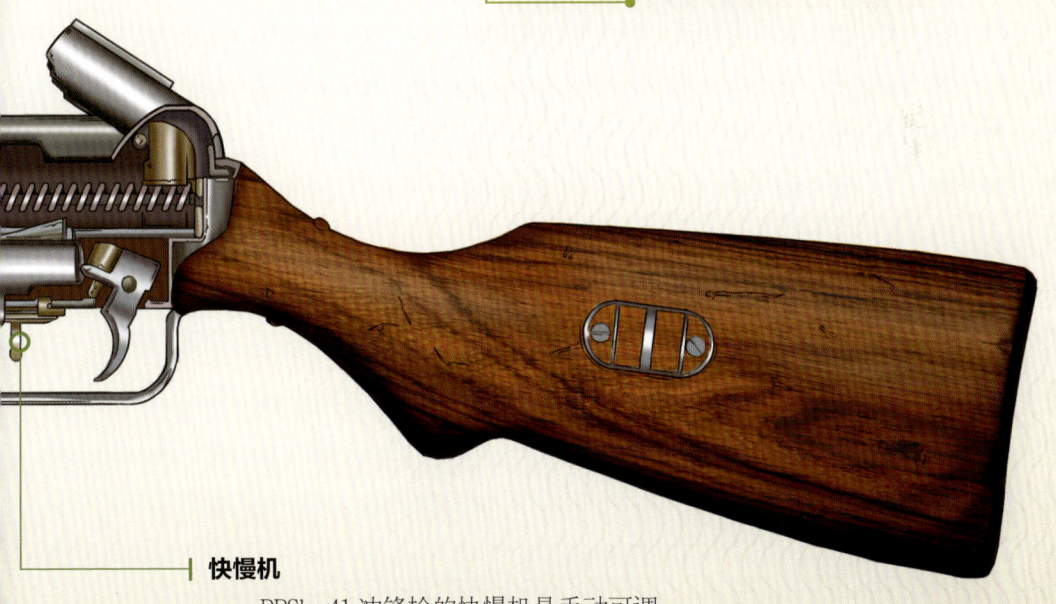

科普小课堂

- **研制国家：** 苏联
- **制造厂商：** 图拉兵工厂
- **口　　径：** 7.62 毫米
- **供弹方式：** 圆鼓式弹匣
- **弹 容 量：** 35 发、弹鼓 71 发

快慢机

　　PPSh-41 冲锋枪的快慢机是手动可调的，扣压到不同位置将带来不同效果。向前扳为连发，向后扳为单发。这样，使用者可根据实际情况调整单连发状态。

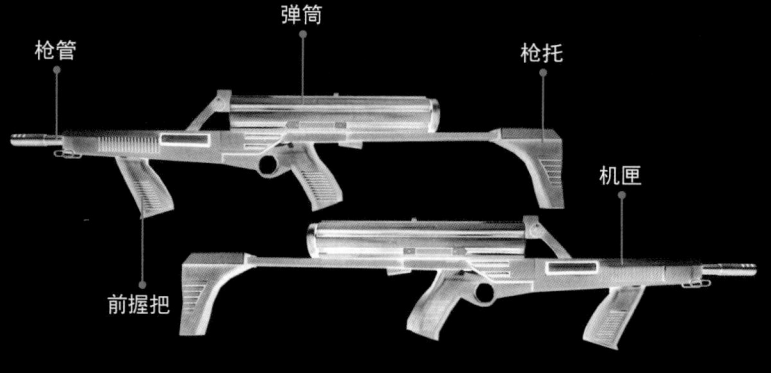

M960 卡利科冲锋枪

1989年美国卡利科轻武器公司推出一款外形"怪异"的冲锋枪，初衷只是作为靶场上的民用玩具，就是用来射击一些叮当作响的物件图开心，这种玩具在民间被称为"叮当枪"。但令设计者没想到的是，最初只为换弹方便而设计的大容量弹匣，却为该枪带来了势不可当的强大火力持续性。随后军队、执法部门也开始注意到这支火力强大、持续性强、构造紧凑的冲锋枪，事实证明，这是一支决不能当作"玩具"的优质武器。

科普小课堂

- **研制国家：** 美国
- **制造厂商：** 卡利科轻武器公司
- **口　　径：** 9毫米
- **发射方式：** 单发、连发
- **弹 容 量：** 50发、100发

大容弹量螺旋弹匣

弹匣为圆柱形，由带7条导槽的输弹滚轮、螺旋式隔板、供弹口构成。弹匣有两种，容弹量较大。

减速器

装在小握把内，不同射速之间随意调整的部件。

子弹

全新的 5.7×28 毫米 SS90、SS190 子弹，子弹拥有低于手枪的后坐力，却又高于手枪的穿透力。

弹匣

P90 冲锋枪的供弹机构非常值得一提，弹匣由高强度塑料制成，可随时检查容弹量。

P90 冲锋枪

"二战"后，突击步枪开始兴起，冲锋枪成了非全职战斗人员的装备，他们要面对的是敌方武装到牙齿的特种部队，现役 9 毫米口径的冲锋枪，根本无法洞穿防弹衣，连最基本的自卫能力都达不到。于是美国开启了小火器主导计划，第一次提出"个人防御武器"的概念。随后，比利时 FN 公司在 1990 年成功研发出这支 P90 冲锋枪，满足了其他枪支无法达到的个人防卫武器要求，成为单兵防卫武器的先驱。

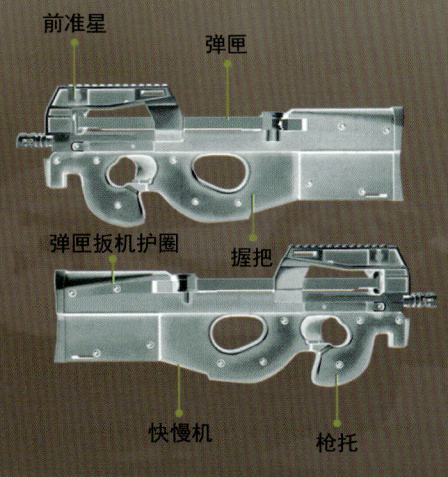

前准星　弹匣　弹匣扳机护圈　握把　快慢机　枪托

握把
外形的设计基于深入的人体工程学研究，握把类似竞赛用枪设计，扣把的手可以与头部靠近，同时保持舒适。

科普小课堂

- 研制国家：比利时
- 制造厂商：FN 公司
- 口　　径：5.7 毫米
- 有效射程：150 米
- 弹 容 量：50 发

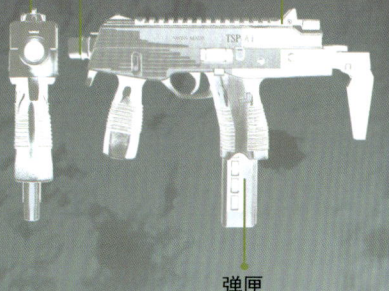

准星
枪口
瞄具
弹匣

枪口
圆形枪口衬套上有螺纹，可用于安装消声器，或圆筒形的消焰器。

TMP 冲锋枪

我们有时会在电影中看到拿着小手枪的警察被匪徒手中的冲锋枪打得狼狈不堪。而在 20 世纪 90 年代前也确实如此，在遭遇突发事件时，警察往往来不及装备重型武器，随身携带的手枪火力根本无法发挥作用。有鉴于此，执法人员迫切需要一种火力接近冲锋枪而又能像手枪一样方便携带的警用武器。于是，浑身散发着金属质感黑色的 TMP 冲锋枪出炉，真可谓是奥地利的一枝独秀。

瞄具

TMP 冲锋枪的准星为柱形，照门是缺口式，瞄具不能调。TMP 冲锋枪的设计只针对 50~100 米内使用，还可安装光学瞄具。

科普小课堂

- **研制国家**：奥地利
- **研 制 者**：斯泰尔－曼利夏
- **口　　径**：5.7 毫米
- **有效射程**：50～100 米
- **弹 容 量**：20 发、30 发

弹匣

TMP 冲锋枪标配的弹匣有 20 发和 30 发，但也可通用 SPP 手枪的 15 发弹匣。

瞄具

瞄具采用的是柱形准星和固定的觇孔式照门,简单实用,不过在试验中普遍反映瞄具的位置偏低。

UMP45 冲锋枪

20世纪90年代后期,很多国家的特种部队都希望使用大威力弹药在执行任务时获得更大的优势,而.45ACP弹最大的特点是本身就是亚声速加上一枚圆钝的重弹头,完全可以对无防护的目标造成严重杀伤,可当时根本没有冲锋枪使用.45口径的弹药。HK公司为迎合市场需求,开发出全新的".45口径通用冲锋枪"简称UMP45冲锋枪,并于1998年底交付试验。

复进簧

复进簧的弹力可以将枪机压在枪管上，射击时依靠枪机自身重量和复进簧的弹力延迟开锁时间。

RIS 导轨

RIS 导轨采用新一代战术护木，使用时可以根据任务需要安装各种战术附件，如战术强光手电。

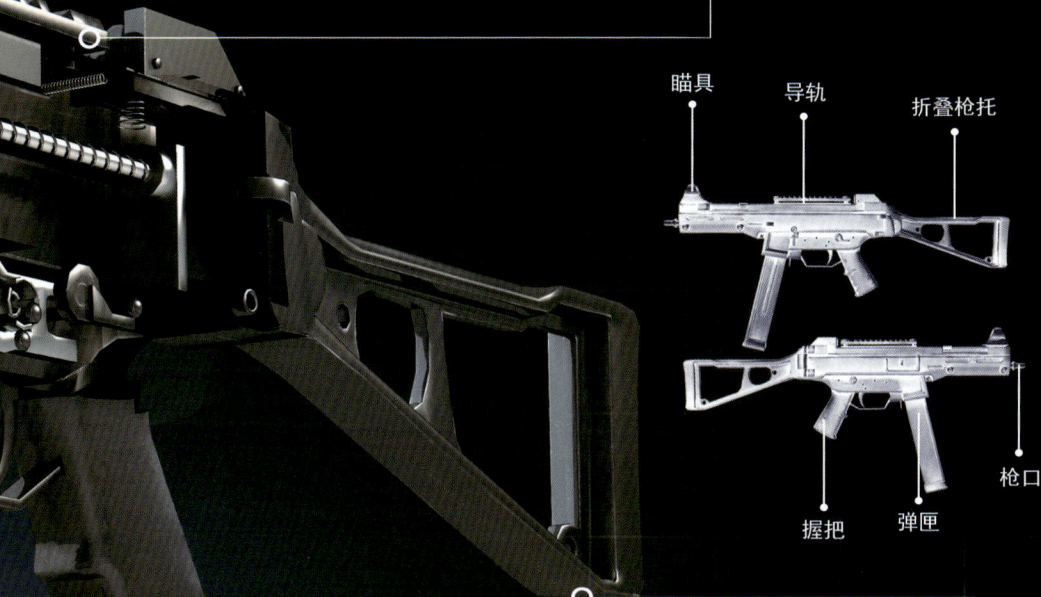

瞄具　导轨　折叠枪托　枪口　弹匣　握把

折叠枪托

枪托用强化型塑料加工而成，把棱角加工成了流线型，枪托可向右侧折叠，折叠后仍能进行射击。

科普小课堂

- 研制国家：德国
- 制造厂商：HK 公司
- 口　　径：11.43 毫米
- 枪机类型：自由式闭锁枪机
- 弹 容 量：25 发

消声器

是阻止声音传播而允许气流通过的一种器件,为 MP7 特制的消声器不会因为枪支消声而降低其精确度、贯穿力及射速。

瞄具

瞄准方式采用折叠式的准星照门,不过也于上机匣装上了标准的 M1913 导轨,允许使用者自行加装各式瞄具。

枪弹

配用 4.6×30 毫米枪弹,弹道低深,具有很强的穿透力,在 100 米射程上,标准弹头可以穿透 CRISAT 标准靶板。

弹匣

弹匣采用释放钮设计,可选配 20 发容量短弹匣或 40 发容量长弹匣,也有 30 发容量弹匣。

MP7 单兵自卫武器

20世纪90年代后期的单兵自卫武器市场一直处于不温不火的状态，在市场上找到纯正的单兵自卫武器已经越来越难，但有一支枪除外，就是2000年由德国黑克勒－科赫公司所研发的MP7单兵自卫武器。由于MP7拥有冲锋枪的性能，又有与手枪相似的外形，特别适用于室内近身作战及要员保护。短短的两三年时间里已先后出口到17个国家，销售量只增不减，也算为单兵自卫武器赢回了一点地位。

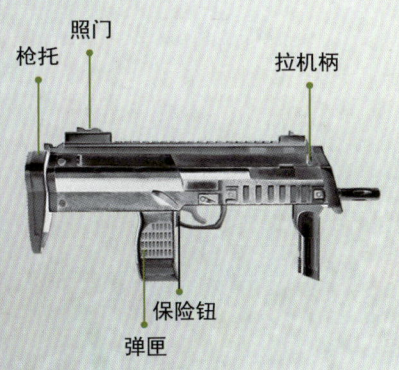

枪托　照门　拉机柄
保险钮
弹匣

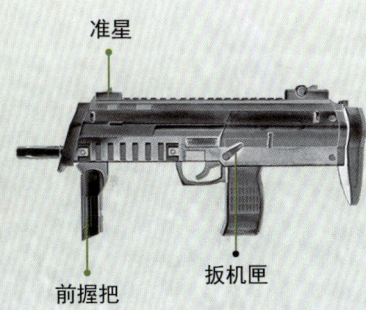

准星
前握把　扳机匣

科普小课堂

- 研制国家：德国
- 制造厂商：黑克勒－科赫公司
- 口　　径：4.6毫米
- 供弹方式：弹匣供弹
- 弹 容 量：20发、30发、40发

CHAPTER 7

第 七 章

霰弹枪

M1894 温彻斯特杠杆式霰弹枪

温彻斯特杠杆式霰弹枪是美国温彻斯特连发武器公司生产的，这是历史上第一支较成功的杠杆式连发霰弹枪。杠杆式操作设计是温彻斯特连发武器公司最成功的选择，为其赢得了超高的品牌知名度。在庞大的温彻斯特步枪家族中温彻斯特 M1894 最为经典，它是美国历史上第一支使用无烟发射药枪弹的枪。

扳机护圈

扳机护圈相当于拉机柄的功能，用它开锁并抽壳，朝相反方向运动可推动枪弹入膛并闭锁。

科普小课堂

- **研制国家:** 美国
- **制造厂商:** 温彻斯特连发武器公司
- **使用弹药:** 12号霰弹、10号霰弹等
- **供弹方式:** 内置式管式弹仓
- **枪机类型:** 杠杆式

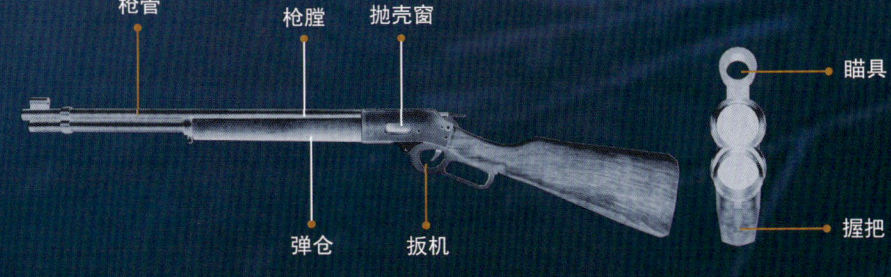

枪管　枪膛　抛壳窗　瞄具　弹仓　扳机　握把

子弹

  设计之初只是为了使用黑火药12号霰弹，不久10号霰弹也有提供，后期因诸多原因在枪的改进中又对子弹做了相应调整。

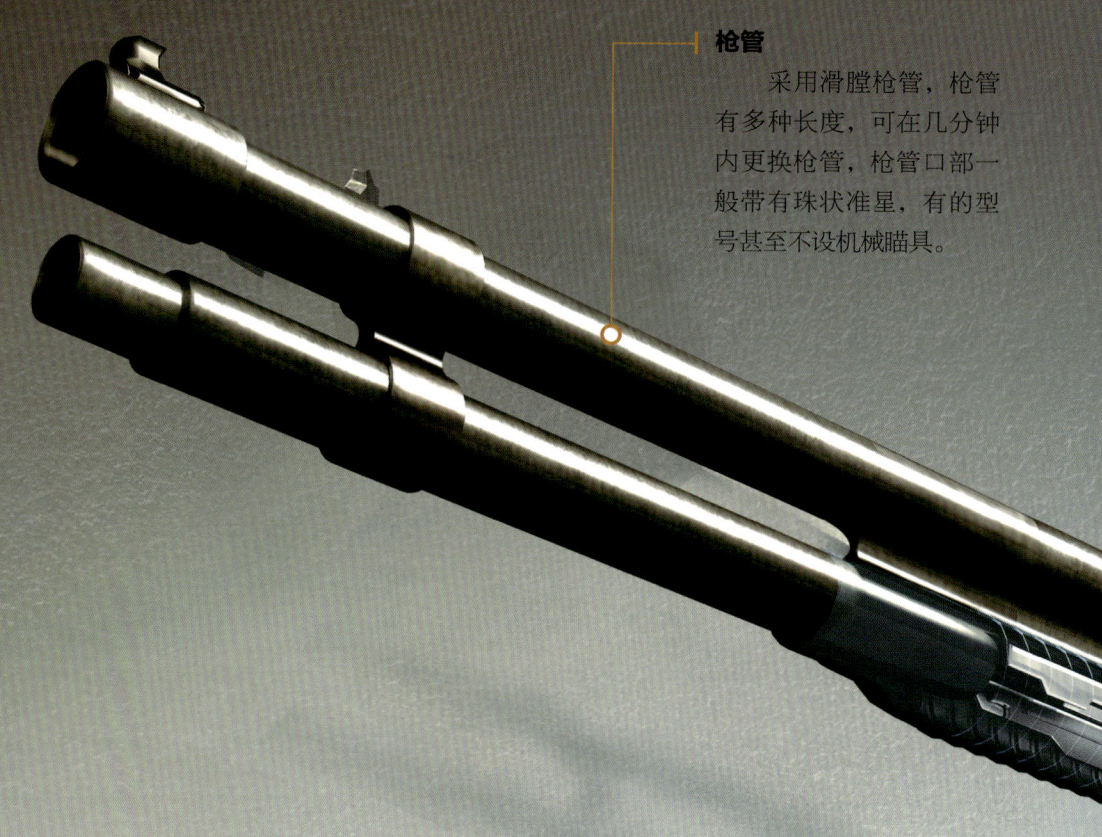

枪管

采用滑膛枪管,枪管有多种长度,可在几分钟内更换枪管,枪管口部一般带有珠状准星,有的型号甚至不设机械瞄具。

雷明顿 M870 霰弹枪

20 世纪 50 年代雷明顿公司迫于温彻斯特 12 型和伊萨卡 37 型霰弹枪等强大竞争对手的市场压力,推出一款用于狩猎、家庭防卫的泵动式霰弹枪——雷明顿 M870 霰弹枪。该枪推出后,迅速成为美国民用市场霰弹枪的领头羊。时至今日,M870 霰弹枪已成为美国筒式霰弹枪中适用范围最广、产量最大的霰弹枪之王,广泛用于军、警、民三界。

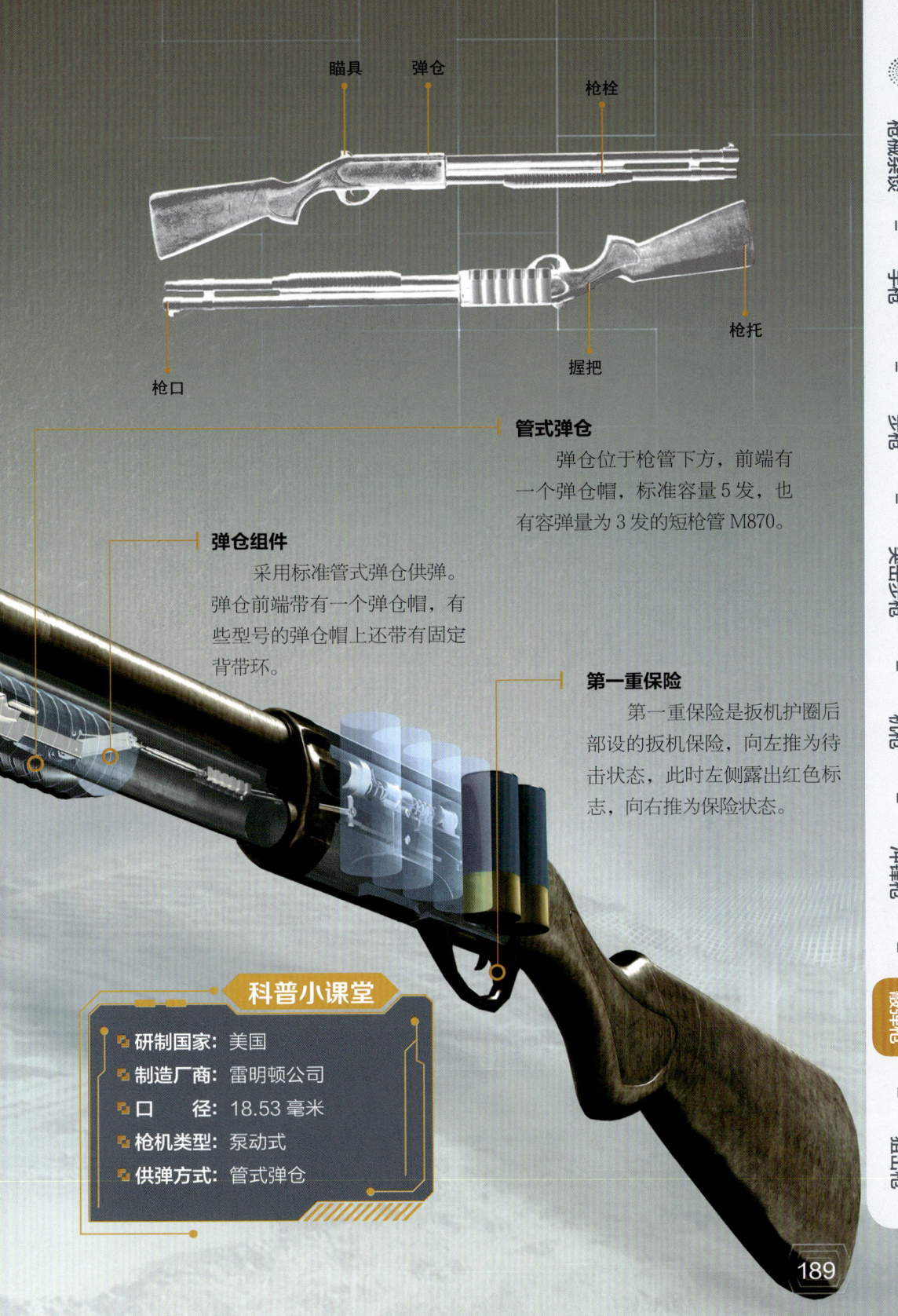

管式弹仓
弹仓位于枪管下方，前端有一个弹仓帽，标准容量5发，也有容弹量为3发的短枪管M870。

弹仓组件
采用标准管式弹仓供弹。弹仓前端带有一个弹仓帽，有些型号的弹仓帽上还带有固定背带环。

第一重保险
第一重保险是扳机护圈后部设的扳机保险，向左推为待击状态，此时左侧露出红色标志，向右推为保险状态。

科普小课堂

- 研制国家：美国
- 制造厂商：雷明顿公司
- 口　　径：18.53毫米
- 枪机类型：泵动式
- 供弹方式：管式弹仓

拉机柄

拉机柄有一个延长段能充当防尘盖，防止异物通过拉机柄槽进入机匣内，射击时，拉机柄不随枪机运动。

瞄具

MPSAA-12霰弹枪的准星和照门各安装在一个钢制的三角柱上，准星可旋转调整角度高低，而照门可以通过一个转鼓调整风偏。

MPSAA-12 霰弹枪

1972年美国枪械设计师麦斯威尔·艾奇逊开发了一种发射12号口径霰弹的全自动战斗霰弹枪，并在1987年将专利权卖给美国的宪兵系统公司（简称MPS），MPS将原有蓝图上的188个零部件进行改进后，研制出AA-12霰弹枪。由于该枪大量使用不锈钢材质并且对内部的积灰间隙进行了设计，所以MPS曾宣称这件武器是不需要进行清洗或润滑的，但据设计者透露，在发射10 000发子弹后是需要清洗的。

准星　瞄具

枪托　弹鼓　握把

枪托

枪托由玻璃纤维塑料制成，左右对半分开，枪托两侧有钢制的固定卡扣，只需要几秒就可完成枪托拆卸。

科普小课堂

- **研制国家：** 美国
- **研制者：** 麦斯威尔·艾奇逊
- **口　　径：** 18.53 毫米
- **枪机类型：** 自由枪机
- **弹容量：** 8 发、弹鼓 20 发、弹鼓 32 发

皮卡汀尼导轨

护手上方有一段305毫米长的皮卡汀尼导轨，皮卡汀尼导轨标准统一、结构灵活。

KSG 霰弹枪

美国著名的Kel-Tec数控工业公司在2011年公开了自己的最新设计Kel-TecKSG霰弹枪，KSG是一支双管式弹仓供弹的霰弹枪，使用者可以手动切换内部供弹的弹仓，该枪采用无托结构，枪管就占了全枪长度一半以上，这样的设计是为了符合美国普通民用霰弹枪的限制，十分适合平时藏在家中，危险时做自卫武器使用，是当代自卫武器中不折不扣的双管杀手。

弹仓

楔形块

皮卡汀尼导轨

楔形块
枪管通过位于枪机内上方的可摆动的楔形块闭锁，闭锁时枪机的楔形块会缩进枪管的延伸部分。

科普小课堂

- 研制国家：美国
- 制造厂商：Kel-Tec 数控工业公司
- 枪机类型：泵动式
- 供弹方式：手动切换内部供弹的弹仓

A2 霰弹枪

位于美国新墨西哥州的潘科公司设计师约翰·安德森在 1987 年推出了一款专利设计的霰弹枪，命名为 Jackhammer，或意译为"汽锤"，这个单词也有手提钻、手提式凿岩机和风镐的意思。用以说明这种自动霰弹枪像手提钻或手提式凿岩机一样威力强劲，但是这支枪却从未投入生产。

枪管

枪管外面有复进簧缠绕，在导气活塞前方。枪管本身可以浮动，枪管外筒（机匣）与枪管之间形成导气室。

解脱杆

枪托内部有一个解脱杆,当武器待击后,如果不需要发射,可以扣下解脱杆,使击锤解除待击状态而实现保险。

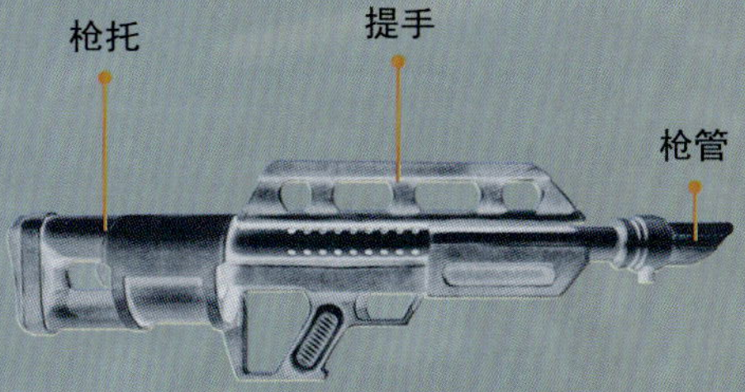

枪托　提手　枪管

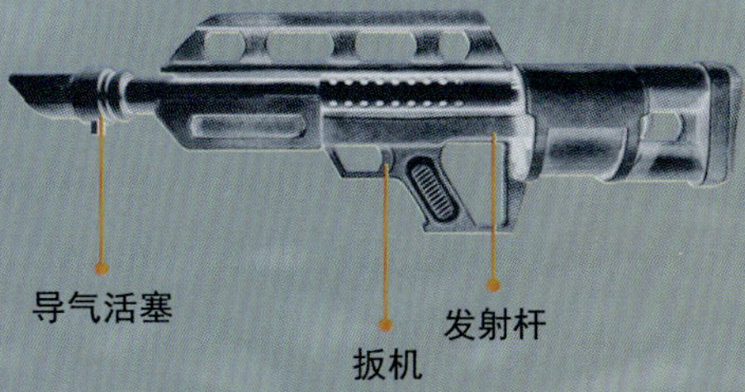

导气活塞　扳机　发射杆

科普小课堂

- **研制国家:** 美国
- **研 制 者:** 约翰·安德森
- **常用弹药:** 12 号标准弹药
- **供弹方式:** 转轮弹膛供弹
- **弹 容 量:** 10 发

枪管

　　SPAS-12霰弹枪的枪管是滑膛的，由压铸成型的钢制成，内膛镀铬，外表则喷砂及涂上黑色磷酸盐化涂料，外围由穿孔式隔热罩所包覆。

SPAS-12 多功能霰弹枪

　　SPAS-12多功能霰弹枪是由弗兰基公司在20世纪70年代后期设计的一种近战武器。该枪最大的特点是可选择半自动装填或传统的泵动装填方式操作，以适应不同的任务需求和弹药类型。

枪机

　　SPAS-12 霰弹枪的半自动操作基于气动式原理，而泵动式操作则是基于泵动式原理。其发射模式可以在半自动和泵动之间切换。

科普小课堂

- 研制国家：意大利
- 研制厂商：弗兰基公司
- 口　　径：18.53 毫米
- 枪机类型：气动式、泵动式
- 弹 容 量：9 发

CHAPTER 8

第 八 章

狙击枪

瞄具

M40 狙击步枪装有永久固定式瞄准镜，许多用于定位的小圆点分布在瞄准镜的十字线上，用来精确标定距离。

M40 狙击步枪

1966 年，美国海军陆战队决定采用雷明顿公司研发的旋转后拉式步枪作为制式狙击步枪，继而命名为 M40 狙击步枪。原型的 M40 狙击步枪全部装有雷菲尔德 3-9 瞄准镜，但该瞄准镜及木质枪托在战场因不断出现受潮膨胀等问题根本无法使用，后来经过改良，这一问题已被克服。发展至今的 M40 狙击步枪已成为现役狙击步枪中精度最高的战术狙击步枪。

弹仓

M40 狙击步枪是整体式弹仓供弹，使用 7.62 毫米枪弹，弹仓底盖前部的卡榫用于卸下托弹板和托弹簧。

科普小课堂

- **研制国家：** 美国
- **研制厂商：** 雷明顿公司
- **口　　径：** 7.62 毫米
- **枪机类型：** 旋转后拉式枪机
- **弹 容 量：** 3 发、4 发、5 发、6 发

枪托

　　M40 采用的是麦克米兰 A-4 玻璃纤维战术步枪枪托，军用绿色涂装，利于狙击手进行战术隐蔽。

瞄具

VSS狙击步枪采用PSO-1瞄准镜以及NSPU-3夜视瞄准镜。

科普小课堂

- **研制国家：** 苏联
- **研制厂商：** 中央精密机械工程研究院
- **口　　径：** 9毫米
- **枪机类型：** 转栓式枪机
- **弹 容 量：** 10发、20发

VSS狙击步枪

VSS狙击步枪是由苏联开发的灭音狙击步枪。该狙击枪的隐蔽性非常好，几乎无发射火焰，灭音方面也做得很出色，使用9x39毫米弹药或SP6穿甲弹。该弹就算经过整合式抑制器降低初速之后仍然可以击穿防弹背心，可见其杀伤力的强大。

枪托

　　VSS狙击步枪是为特种部队研制的，没有独立的小握把，采用框架式的木制运动型枪托，枪托底部有橡胶底板。

瞄具　握把　准星　枪托　枪管　弹匣

枪械杂谈 — 手枪 — 步枪 — 突击步枪 — 机枪 — 冲锋枪 — 霰弹枪 — 狙击枪

PSG-1 狙击步枪

HK 公司不仅想占领军用狙击武器市场，还想占领警用狙击武器市场。但 G3/SG1 狙击步枪不是最佳选择，因为它始终是按军用自动步枪要求设计的。而狙击手则需要一种高命中精度的专门武器，在较远距离上对付单个或数个目标。为此，HK 公司在 G3 步枪的基础上开发出狙击步枪 PSG-1。

科普小课堂

- **研制国家：** 德国
- **研制厂商：** HK 公司
- **口　　径：** 7.62 毫米
- **枪机类型：** 自由枪机
- **弹 容 量：** 5 发、20 发

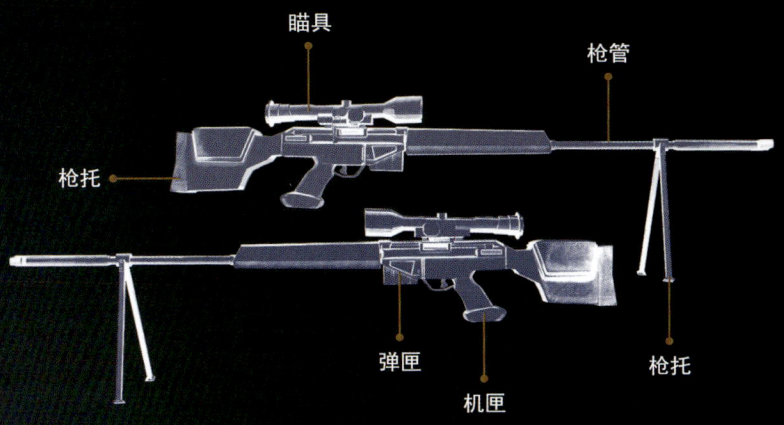

瞄具 — 枪管 — 枪托 — 弹匣 — 机匣 — 枪托

瞄具
　　另外 PSG-1 不像其他军用狙击步枪那样装有应急的机械瞄具，而只采用望远式瞄准镜。

枪托
　　塑料枪托的长度可调，枪托上的贴腮板高低可调，射手可以将枪托调节到最舒适的长度和高度。

扳机
　　PSG-1 有一个可以拆卸调整的扳机部件，可以令使用者更易适应该枪，扳机的行程可以调整，也可从扳机护圈中拆下。

AWP 狙击步枪

英国精密国际仪器公司为了赢得瑞典国防部开发新式狙击步枪的竞赛，1982年开发出一款即使在北极作战也能发挥强大杀伤力的狙击步枪，取名"北极战争警察"，简称"AWP"。顾名思义AWP狙击步枪是专门给警察使用的枪械，最具特色的地方是基座为黑色而非亮绿色。该枪在国际市场上有与日俱增的销量，无疑证明AWP狙击步枪是一款经典之作。

科普小课堂

- **研制国家：** 英国
- **研制厂商：** 英国精密国际仪器公司
- **口　　径：** 7.62 毫米和 5.56 毫米
- **有效射程：** 600 米
- **枪机类型：** 旋转后拉式枪机

枪管

AWP 狙击步枪的枪管没有直接和枪托接触而成为浮动式，是因为枪机容纳部由枪托中央的这片铝合金固定在框架上。

扳机

AWP 狙击步枪采用可调整的两道火扳机，扳机力为 15~18 牛，运行顺畅，释放清脆。

机匣

由一整块锻钢件加工而成的机匣，机匣底部和两侧较平，枪管和弹匣接在机匣部。

枪械杂谈 — 手枪 — 步枪 — 突击步枪 — 机枪 — 冲锋枪 — 霰弹枪 — 狙击枪

MK11-0 型狙击步枪

MK11-0 型狙击步枪在外形上与 SR-25 没有什么区别,但内部结构却进行了很多改进。为了适应海军需求,奈特军械公司的武器设计师提出了一种全新的改进方案,其中包括击针、抛壳挺、抽壳钩和抽壳钩簧以及一个经改进的供弹斜面。这次改进还包括一个全新设计的枪机机构、新式的枪管节套和一个托弹簧。

科普小课堂

- 研制国家:美国
- 研制厂商:奈特军械公司
- 口　　径:7.62 毫米
- 枪机类型:旋转后拉式枪机
- 弹容量:20 发

瞄具
　　配备的 KAC007 型奈特瞄准装具可以使白光瞄准镜具有夜视能力，适应不同光线条件下的战斗。

弹匣
　　托弹簧进行了重新设计，因此射手可以在弹匣中装满 20 发枪弹，相比过去只能装 18 发枪弹的情况，这无疑提高了使用效率。

枪管

M82A1 的枪管上有凹槽，这些凹槽可以起到加快散热和减轻重量的作用。

M82A1 巴雷特

　　巴雷特的设计者朗尼·巴雷特原本只是美国田纳西州的一名商业摄影师，1981 年，他设计出一支样枪然后创建了自己的公司，开始试着生产 M82A1 大口径半自动狙击步枪，这种疯狂之举却成就了一个武器爱好者的创业梦想。问世之初，M82A1 一直无人知晓，直到 1991 年的海湾战争，才算真正被军方认可。M82A1 半自动狙击步枪，一般来说是作为反器械武器在战争中发挥作用的。

科普小课堂

- 研制国家：美国
- 研 制 者：朗尼·巴雷特
- 口　　径：12.7 毫米
- 弹 容 量：10 发
- 枪械类型：大口径反器材狙击步枪

两脚架座

两脚架座可伸缩，能使 M82A1 架在三脚架、车、船等载具上，在后坐过程中充当缓冲器。

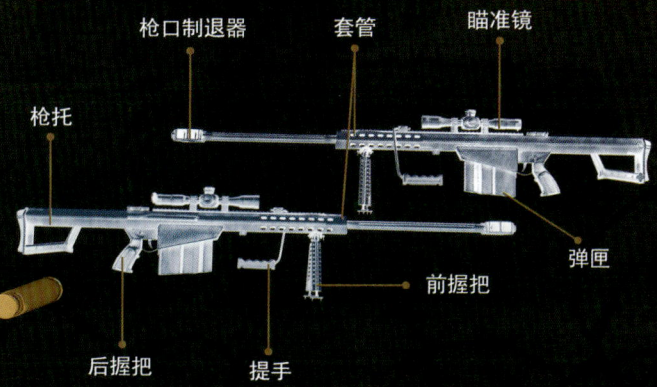

枪口制退器　套管　瞄准镜
枪托
弹匣
前握把
后握把　提手

提把

M82A1 的提把装在护木上面，位于瞄准镜前方，射击时可顺势放在护木的左侧，也可拆卸。

枪械杂谈 — 手枪 — 步枪 — 突击步枪 — 机枪 — 冲锋枪 — 霰弹枪 — 狙击枪

浮质枪管

M700 狙击步枪的枪管直接与机匣连接，不与护木等其他部分接触，这种设计使枪管受外界的影响少，精度高。

科普小课堂

- **研制国家：** 美国
- **制造厂商：** 雷明顿武器公司
- **枪机类型：** 旋转后拉式枪机
- **供弹方式：** 3~6 发内置式弹仓，10 发可拆卸式弹匣

M700 狙击步枪

M700 狙击步枪即雷明顿民用型 700 步枪，是雷明顿武器公司在 1962 年推出的王牌狙击步枪，雷明顿武器公司在广告中称："它是世界上最强大的旋转后拉式枪机步枪。"该枪的改进型于 1989 年正式装备美国陆军，敏感的扳机以及最优质的不锈钢重型枪管使它不负众望，在同等级的狙击步枪里面，几乎没有能与 M700 狙击步枪比肩的。

瞄具

SVD 采用 4×24 毫米的 PSO-1 型瞄准镜，全长 375 毫米，视场 6 度，瞄准镜上有光源和电池，可用于夜间瞄准。

SVD 德拉贡诺夫狙击步枪

50 年代末期，苏联想要设计一款半自动狙击步枪，其性质是保证武器在恶劣、高寒的环境下依旧能够可靠工作。1963 年，叶夫根尼·费奥多罗维奇·德拉贡诺夫设计了世界上第一支为延伸班排射程而专门制造的精确步枪 SVD，它以其天生的高射速、近似手动步枪的可靠性被采用。SVD 狙击步枪是一支在世界上以接近零差评著称的经典枪型。

枪把　扳机

瞄准镜

枪托

数字把控指示

科普小课堂

- 研制国家：苏联
- 研 制 者：叶夫根尼·费奥多罗维奇·德拉贡诺夫
- 口　　径：7.62 毫米
- 枪机类型：转栓式枪机
- 弹 容 量：10 发

枪托

　　枪托大部分呈镂空状，既减重量，又自然形成直形握把，枪托抵肩的质心接近枪管轴心线，能更好防止枪口上跳。

枪管

枪管是自由浮动式重型铬钼枪管，铬钼枪管与不锈钢枪管相比，有更好的耐腐蚀能力，因而有更长的精度寿命。

扳机护圈

安全槽用于防止因调整过度导致扳机撞击到扳机护圈，扳机护圈的下方设有方便调整的工具让位窗口。

TRG-21 狙击步枪

1989 年，位于芬兰里希迈基的枪械制造商沙科有限公司根据狙击手的要求做了一个彻底深入的调查，然后开始研制新型的手动狙击步枪，同年推出了 .308 Winchester 口径的 TRG-21 高精度手动步枪，并将其作为新型号狙击步枪角逐市场。这种手动枪机设计的改进一直持续至今。

科普小课堂

- **研制国家**：芬兰
- **制造厂商**：SAKO 公司
- **口　　径**：7.62 毫米
- **枪机类型**：旋转后拉式枪机
- **弹 容 量**：10 发、20 发

燕尾槽

机匣顶部设有燕尾槽，用于安装瞄准镜座，其前端设有固定突耳，用于瞄准镜座的前方限位。

握把　瞄准镜　枪管

护木　扳机　枪托

枪械杂谈 — 手枪 — 步枪 — 突击步枪 — 机枪 — 冲锋枪 — 霰弹枪 — 狙击枪

枪管

M21 枪管长 558.8 毫米，为重型比赛枪管，是"道格拉斯"优质枪管。

子弹

M21 靠弹匣供弹，该枪的标准弹匣容量是 10 发，可以使用发射 7.62×51 毫米的 NATO 制式枪弹。

M21 狙击步枪

1969 年，刚刚装备美军部队的 M21 在越南战争中由于填补了 M16 在 200~300 米外远距离火力的缺失而成名。该枪采用空气冷却和半自动发射方式，使用弹匣供弹，一直延续到 1988 年才逐渐开始被 M24 狙击步枪所取代。M21 狙击步枪可以说是 M14 自动步枪的升级版。

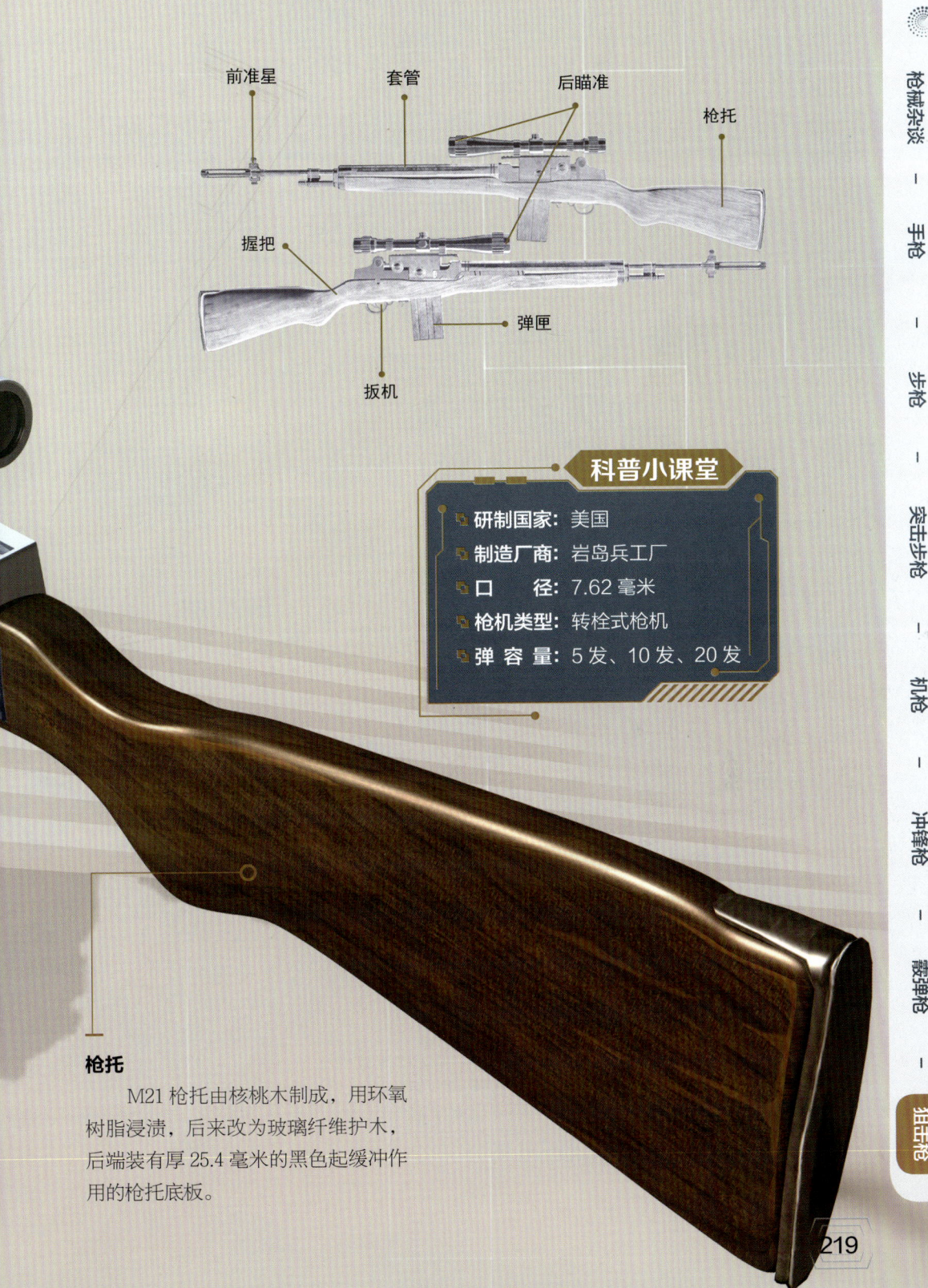

枪托

　　M21 枪托由核桃木制成，用环氧树脂浸渍，后来改为玻璃纤维护木，后端装有厚 25.4 毫米的黑色起缓冲作用的枪托底板。

科普小课堂

- 研制国家：美国
- 制造厂商：岩岛兵工厂
- 口　　径：7.62 毫米
- 枪机类型：转栓式枪机
- 弹容量：5 发、10 发、20 发

皮卡汀尼导轨

皮卡汀尼导轨又叫作鱼骨，中文简称皮轨，是一种安装在轻武器上的标准化附件安装平台。

科普小课堂

- **研制国家：** 德国
- **制造厂商：** Blaser 公司
- **口　　径：** 7.62 毫米
- **枪机类型：** 直拉式枪机
- **弹 容 量：** 5 发

R93 狙击步枪

　　R93 狙击步枪是德国 Blaser 公司生产的系列猎枪的战术型专用狙击步枪，适合军用或警用，该枪需要用手动方式完成子弹的填装，直拉式设计可以使枪机操作比其他传统的手动枪机拥有更快的操作速度，熟练的射手可以使其射击速度不亚于一支半自动步枪，再加上原厂特制的比赛等级弹药，使其素有"欧洲狙王"的美称。

枪托　瞄准镜　枪管

扳机

保险
　　保险机构位于枪机尾部，通过一个保险滑块的前后移动实现保险的锁定和解脱。

扳机
　　R93狙击步枪的扳机设计充满新意，最大特点是没有传统设计中的阻铁，射击时只需很小的力量扣动扳机即可实现击发。

AWM 狙击步枪

AWM 狙击步枪是英国精密国际公司研制的一款军用栓动狙击步枪。在 AW 步枪基础上研制完成，因其优秀的综合性能被多国特种单位所喜欢。

枪管

AWM 狙击步枪为减轻全枪质量，在枪管外表面刻有纵向凹槽，一方面能加大枪管外表面，更有利于散热，在射弹较多时不会出现弹着点偏移。

科普小课堂

- **研制国家：** 英国
- **制造厂商：** 英国精密国际公司
- **口　　径：** 7.62 毫米
- **枪机类型：** 手动旋转后拉式枪机
- **弹 容 量：** 5发、7发

枪托

AWM狙击步枪采用塑料枪托，其结构很特殊，并不是用传统的实心枪托，而是采用两块尼龙板合起来的可调长度中空枪托。